点亮科学梦想

信息素养通识

魏 茜 武相铠 张子言 张馨于 编著

周明月 绘

中国科学技术出版社

·北 京·

图书在版编目（CIP）数据

点亮科学梦想 . 信息素养通识 / 魏茜等编著；周明月绘 . -- 北京：中国科学技术出版社，2023.3

ISBN 978-7-5236-0122-8

Ⅰ.①点… Ⅱ.①魏…②周… Ⅲ.①科学技术—创造教育—中小学—教学参考资料 Ⅳ.① G634.73

中国国家版本馆 CIP 数据核字（2023）第 046226 号

丛书编委会

主　编　　王惠文　　叶　强

副主编　　朱　英　　韩小汀　　魏　茜　　王　硕　　方泽华

编　委　　刘朋举　　赵芮箐　　郭雨欣　　石婧怡　　贠启豪
　　　　　　张严文　　武相铠　　孔博傲　　吴祁颖　　王晓情
　　　　　　刘杨杨　　高德政　　王燕杰　　刘栖熙　　林龙云
　　　　　　罗昊迪　　尹月莹　　刘家祥　　张子言　　张馨于
　　　　　　祁子欣　　王梓硕　　任明煦　　卢嘉霖　　张学文
　　　　　　殷博文

绘　画　　王葳蕤　　李　敏　　闫兴洁　　周明月　　岳安达

序

  这是一套关于科技创新教育的科普读物，主要面向中小学生，以"启蒙—探索—创意—实现—发展"的科学思维培养路径为主线，以科学素养的技能培训为辅线，培养学生发现问题、分析问题和解决问题的能力。习近平总书记曾经在科学家座谈会上指出："好奇心是人的天性，对科学兴趣的引导和培养要从娃娃抓起，使他们更多了解科学知识，掌握科学方法，形成一大批具备科学家潜质的青少年群体。"因此，组织开展丰富多彩的科学普及活动，系统传授与创意、创新、创造相关的理论和方法，将有助于增强青少年的科学素养与创新意识，点亮孩子们心中的科学梦想。

  2018年夏，在中国科学技术协会的指导和支持下，北京航空航天大学启动了"北航大学生科技志愿服务队"的组建工作。作为首都高校科技志愿服务总队的首批成员，北航大学生科技志愿服务队先后赴山西省吕梁市的中阳县阳坡塔学校、临县南关小学和临县四中等学校，举办中小学生的暑期科创训练营活动，出队队员累计200余人次，惠及山区中小学生近400人次。为了帮助志愿服务队的队员们系统掌握与科普、科创教育相关的理论和方法，我们还创建了面向北京航空航天大学全校本科生的通识课程"大学生社会实践：面向乡村中小学的科创教育"。在连续多年的理论培训和出队实践中，志愿服务队的老师和同学撰写了10多万字的讲义资料，而这套科普丛书正是从这些讲义中凝练出来的。

  按照课程的框架体系，丛书分为5个分册。其中，《创意设计思维》旨在帮助同学们聚焦学习和生活中的痛点问题，关注相关领域的科技前沿成果，掌握创意设计的基本原理与方法。《数据分析思维》既可以配合创意过程中的调查研究工作，也可以提高同学们的数据可视化能力和计算机操作技能。《趣味科学实验》将通过探究生活中的一些有趣现象，增强同学们对未知世界的好奇心和探索能力。《信息素养通识》是要在创意研究过程中，带领同学们学习运用互联网检索文献资料，并学会报告撰写、演示文稿（PPT）制作，以及路演展示。而《生涯规划启蒙》将帮助同学们领悟学习的意义，带领他们满怀热情地出发，在未来遇见更好的自己。

激发青少年的好奇心和想象力，增强他们的科学素养和创造未来的能力，对加快建设科技强国和夯实人才基础具有十分重要而深远的意义。笔者真诚期望通过该科普系列读物的编写和出版，能进一步助力大学生以科技志愿服务来赋能青少年科创教育，在服务国家需求和助力乡村振兴的事业中做出更大的贡献。同时，衷心希望通过这套丛书，可以点亮孩子们心中的科学梦想，激发他们的好奇心和想象力，增强他们的科学兴趣和创新能力。期待每一个孩子都会惊奇地发现"自己也可以是一颗发光的星"！

北航大学生科技志愿服务队在历年的出队过程中，得到了中国科学技术协会、北京航空航天大学、首都高校科技志愿服务总队、中国科学技术馆、中国科学技术出版社、吕梁市政府、中阳县政府、临县政府，以及中阳县阳坡塔学校、临县四中、临县南关小学的大力支持。在本书出版之际，作者愿借此机会，向所有支持和帮助我们的领导、老师和朋友们表示衷心感谢！

北航大学生科技志愿服务队
2022年10月

前言

在信息技术快速发展的今天,我们无时无刻不被信息所包围。当我们遇到问题的时候,需要有效地查询和获取信息;当我们想把知识传递给他人的时候,需要组织信息,科学地表达信息;而当我们想把知识讲解、呈现给他人的时候,需要图文并茂、可视化地展示信息。有效获取信息、科学表达信息、可视化展示信息的能力,是对我们在当前信息时代学习知识的重要支撑。美国图书协会在1989年这样定义了信息素养:"要想成为具有信息素养的人,应该能认识到何时需要信息,并拥有确定、评价和有效利用所需信息的能力。从根本意义上说,具有信息素养的人是那些知道如何进行学习的人。他们知道如何进行学习,是因为他们知道知识是如何组织的,知道如何寻找信息,以及如何利用信息。"信息素养是我们寻找、组织、利用信息并用信息进行学习的能力,与我们在信息社会的终身学习能力息息相关。

在《信息素养通识》这本书中,你将会和四个志同道合的小伙伴一起,探索"纸飞机中的科学问题"。如果你也疑惑纸飞机怎样折叠才能飞得更远,你会在资料检索的相关章节找到答案;如果你也在思考我们怎样做才能将自己的研究成果展示给更多的人,你会在关于报告撰写的章节中找到答案;如果你还好奇怎样才能生动形象并且清晰地将自己的观点讲给其他小伙伴,你会在对PPT制作的介绍中找到答案。总之,你会跟随着四个小伙伴的探索足迹,依次掌握:有效地获取信息——资料检索,科学地表达信息——报告撰写,可视化地展示信息——PPT制作。

在这次探索之旅中,你会慢慢发现,科学思维存在着这样的基本逻辑:发现问题、提出问题、分析问题、解决问题。其中的每一步,都离不开良好信息素养的支撑。伴随着探索之旅,你还需要从生活中的小细节出发,独立地发现痛点问题,并利用自己在每个章节学习到的知识,完成对应的练习,从而巩固知识,培养自己的动手实践能力。

或许你仍然觉得掌握一个领域的知识会很困难，艰深的原理和公式让你感到恐惧；或许你仍然觉得自己很难将想法撰写成文，做到科学表达；或许你仍然担心自己的想法很难做到精彩展示。这都没有关系，《信息素养通识》将陪伴你走进科学思维的殿堂，教给你学习知识和传递知识的正确方式，让你感受寻找知识、学习知识的快乐，领略分享科学知识的乐趣。

那么，我们的旅程就此开始吧！

人物介绍

青青

青青是一名年轻的老师，刚刚从大学毕业来到北行中学担任班主任。她很喜欢班里的学生，也非常愿意为好学的同学们讲解知识，但也常常为如何带好一个班级感到苦恼。

困困

困困是个"小迷糊"，很多时候做事反应慢半拍。但困困内心有毅力，认定了的事就要做好！

闹闹

闹闹是班上的"孩子王"，经常坐在教室最后一排，喜欢和同学开玩笑。闹闹拥有聪明的头脑，对新奇的事物有探索精神！

小致

　　小致是个文静、细心的女孩子，成绩优异，喜欢读书，平时在班里不太爱说话，写字特别好看！

　　小真活泼开朗，乐于助人，但有点喜欢钻牛角尖！

小真

　　青青老师今天科学课的主题是"飞机的飞行原理"。课前，她留给同学们一道思考题：飞机是怎样飞上天的？

　　困困想着想着就进入了梦乡……这时，教室斜后方的闹闹丢来一只纸飞机，精准地砸到了困困的头。困困顿时就不困了。他也撕下一张草稿纸，折成纸飞机向闹闹掷去。但困困的纸飞机却怎么也飞不远，这让他很苦恼。

目录

1 有效地获取信息/资料检索

1.1 搜索引擎的使用 ································ 4

1.2 数据库的使用 ································ 21

2 科学地表达信息/报告撰写

2.1 提出问题 …………………… 49
2.2 猜想与假设 …………………… 51
2.3 制订计划和设计实验 …………………… 54
2.4 进行实验和收集数据 …………………… 57
2.5 分析与论证 …………………… 60
2.6 结论与评估 …………………… 64

3 可视化地展示信息/PPT制作

3.1 PPT简介 …………………… 86
3.2 PPT基本操作 …………………… 87
3.3 PPT制作原则 …………………… 97

部分参考答案

1 有效地获取信息／资料检索

　　这场"纸飞机大战"让困困格外疑惑：闹闹的纸飞机究竟有什么秘密，为什么能飞得那么高、那么远呢？这其中的原理是什么呢？在本章的学习中，让我们一起跟随困困和闹闹的脚步，看看他们怎样一步一步有效地获取了信息，怎样通过资料检索的方式找到了答案。

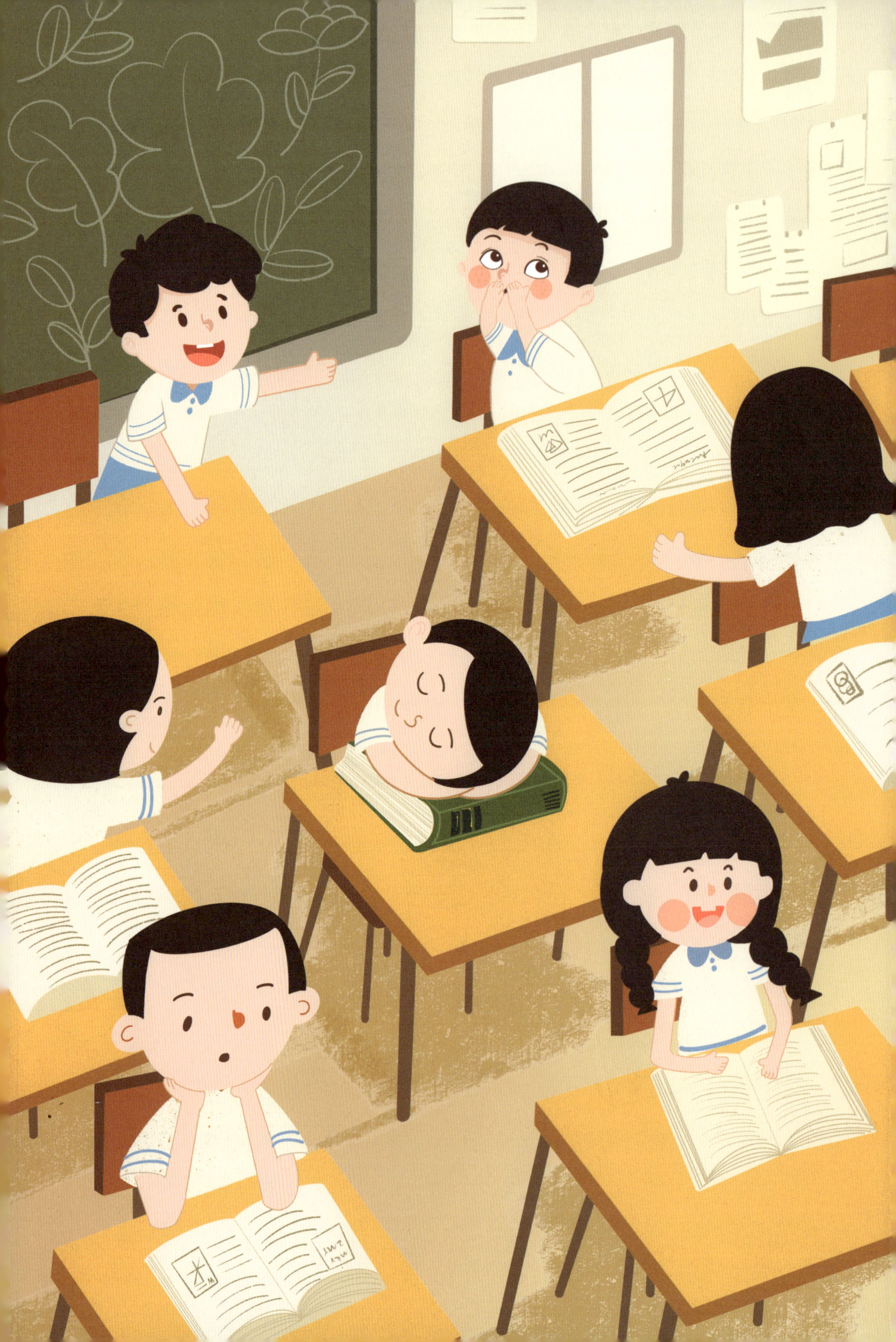

我们在学习和生活中都会遇到很多不懂的问题。世界之大，我们穷极一生也无法窥得全部。不明白的事情千千万万，我们几乎时时都在解密，或是询问旁人，或是查询书本，或是上互联网搜索，通过各种各样的方式寻找资料，获得有用信息，解答我们的疑惑。

　　对科学研究而言，要取得创造性的成果，就需要通过资料检索，了解、掌握前人在某一领域内进行的探索和取得的成果。收集、掌握足够的资料是研究工作的重要组成部分。

　　同学们，在你遇到问题的时候，你都会通过哪些方式寻找答案呢？你有哪些资料检索的经历和体验呢？让我们一起跟随困困和闹闹，看看他们遇到了什么样的问题，他们又是怎样通过资料检索来寻找答案的。

1.1 搜索引擎的使用

自从经历了课间"纸飞机大战"后,这件事情就触发了困困的好奇心——闹闹的纸飞机究竟有什么秘密,才能飞得那么高、那么远呢?

带着这个疑问,他找到了"纸飞机大师"闹闹一问究竟。可是,闹闹却摇摇头,说他也不知道为什么,别人教给他的就是这样的叠法。他也是后来才发现这样叠的纸飞机,会比其他同学的飞得更高、更远。

怪了?那到底是为什么呢?困困愁眉苦脸,连闹闹"大师"自己也不知道,那还会有谁知道呢?

不过!闹闹这时候却说:"虽然我不知道,但我们可以上互联网搜索呀,说不定已经有人研究过这个问题了!""对呀!"困困顿时不困了,"我怎么没想到呢!说干就干!"

闹闹!闹闹!为什么你的纸飞机能飞得那么高、那么远啊?

我也不知道……但是我们可以上互联网搜索,看看这其中的奥秘!

1.1.1 百度检索——基础检索

1.1.1.1 关键词检索

说干就干，闹闹和困困来了劲头。在和爸爸妈妈说明自己的想法之后，两个人很快在电脑上打开了百度，开始搜索起来。

"既然我们要搜索'纸飞机'的问题，那么就在搜索栏输入'纸飞机'就可以啦。"（图 1.1.1）困困自信地说。闹闹有些犹豫，但看到困困如此肯定，还是按照困困说的做了。

图 1.1.1　百度检索：在搜索栏输入"纸飞机"

诶？这可不妙。困困和闹闹看着页面上的内容，不禁有些疑惑。是检索出来了，没错，但这些内容太多了，甚至还有各类活动，这可不是他们要找的答案呀！

1.1.1.2 多个关键词并行检索

"我记得老师说过，要输入更多、更准确的词才行。"闹闹说出了他刚刚就想说的话。困困有些不好意思，小脸涨得通红，只是说："那试试看吧。"

于是，闹闹便敲着键盘打起字来。他在搜索栏里输入了"纸飞机 更远"（图 1.1.2）。困困读着这五个字，总觉得不太可行，觉得和之前的没什么两样。

"看看再说嘛！"闹闹胸有成竹。

图 1.1.2　百度检索：在搜索栏输入"纸飞机 更远"

1.1.1.3 相关搜索

"真的可以！"困困很高兴。他指了指鼠标，让闹闹往页面的下方滚动（图 1.1.3）。

图 1.1.3　百度检索：相关搜索

1.1.1.4　使用双引号" "

看着自己的方法也管了用，困困一扫刚才的窘迫，和闹闹兴高采烈地继续搜索起来。

只是，他们发现，当他们输入的字太多的时候，页面上显示的常常只有其中几个字或者几个词语的搜索结果。唉，又是一个难题。

困困叹了口气，没想到这简单的检索也会有这么多问题。闹闹也皱着眉头，冥思苦想一阵后忽然抬头，兴奋地说："我想起来了。"

闹闹为搜索内容加上了双引号（图1.1.4）。"双引号代表什么呢？"困困充满疑惑，迫不及待地等待着结果。

图 1.1.4　百度检索：使用双引号（1）

太神奇了！原来加上了双引号，搜索栏中的内容就能够被视为一个完整的、唯一的搜索条目进行搜索！困困这下佩服起闹闹来了！他兴冲冲地接过键盘和鼠标，迫不及待地敲出"纸飞机飞行原理"（图1.1.5）。

图1.1.5　百度检索：使用双引号（2）

1.1.1.5　使用书名号《 》

看到困困也成功搜索到了想要的内容，闹闹又想起了一种搜索技巧，神秘地对困困说："想不想看看关于纸飞机的图书呢？"

"这个我知道！"困困说，他自信地输入"纸飞机 图书"，闹闹却阻止了他。

"不！不！"闹闹摆动着手指头，"看我的吧！"他的小手飞快地在搜索栏中打出"折纸飞机大全"，并且加上了书名号（图1.1.6）。"等着看吧！"

页面上，《折纸飞机大全》这本书赫然映入眼帘，这是关于折纸飞机的图书。

图1.1.6　百度检索：使用书名号

原来这样做，既可以让书名号中的文字被视为一个整体，也可以让搜索栏中包括书名号在内的内容被视为一个整体，从而进行图书和期刊的搜索。

当我们选择了其中一项"《折纸飞机大全》"的搜索结果（图1.1.7）后，得到的就是关于这本图书的介绍（图1.1.8）。

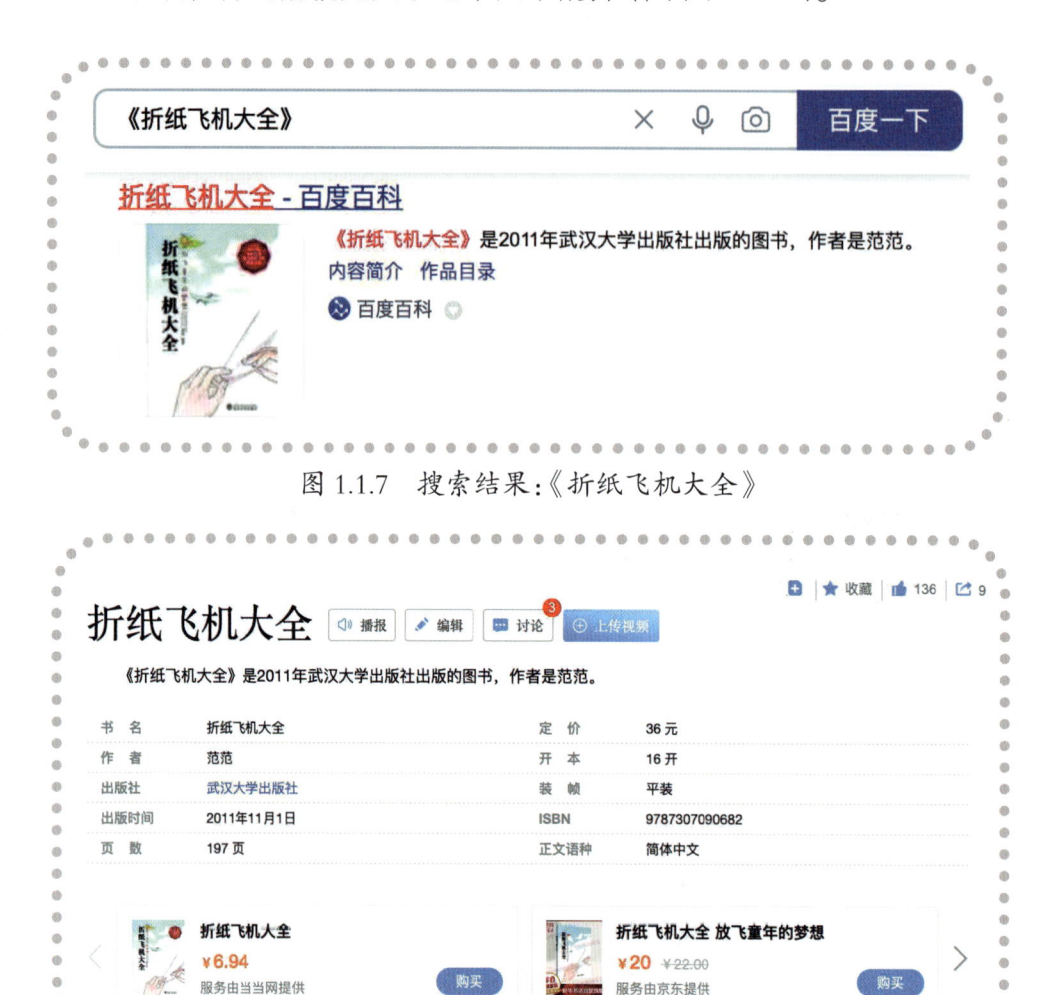

图1.1.7　搜索结果：《折纸飞机大全》

图1.1.8　《折纸飞机大全》介绍

1.1.1.6　并行搜索 A | B

"太神奇了！"困困觉得闹闹不只是"纸飞机大师"，还应该叫他"信息检索大师"。

闹闹难掩兴奋，小脸红扑扑的："我还有一种方法，如果有两个关键词都能满足你的需求，可以用并行搜索，包含其中任意一个关键词的结果就都能被检索到了！"

"那快来吧！"困困催促着。闹闹快速在搜索栏里敲下"纸飞机 | 飞行原理"（图1.1.9）。

"我知道，是这个竖线起了作用。"困困都学会抢答了。

"这个叫作间隔符。"闹闹自信地说。

图 1.1.9　百度检索：并行搜索

兴高采烈地搜索了好久，闹闹和困困都检索到了自己想知道的内容，做了满满一大页的笔记。虽然很累，可这种在知识中自在遨游的感觉却令他俩兴奋不已。

第二天，他俩带着自己的笔记来到了学校。同学们听说他们搜到了好多有用的内容，便把他们俩团团围住。

"别急别急，一个一个地问。"困困和闹闹有些飘飘然。

"可以也给我解答一下吗？"熟悉的声音响起，原来是他们的班主任青青老师。在办公室听到动静的她来到教室，看着平日里调皮的两个小家伙，这会儿认真地跟同学们分享知识，她既惊喜又感动。

　　"老师……"困困紧张起来。青青老师怎么会不知道这个小瞌睡虫的心思？！她微微一笑："困困，这是你查找到的吗？真是厉害。"

　　"是闹闹和我一起查找到的。"困困有些不好意思。

　　"真棒！"青青老师由衷地夸了一句，她被学生们的求知精神感动了，想教给他们更多的信息检索技巧。

同学们，除了这些基础的信息检索办法，大家还想知道更多高级检索的方法吗？

想！

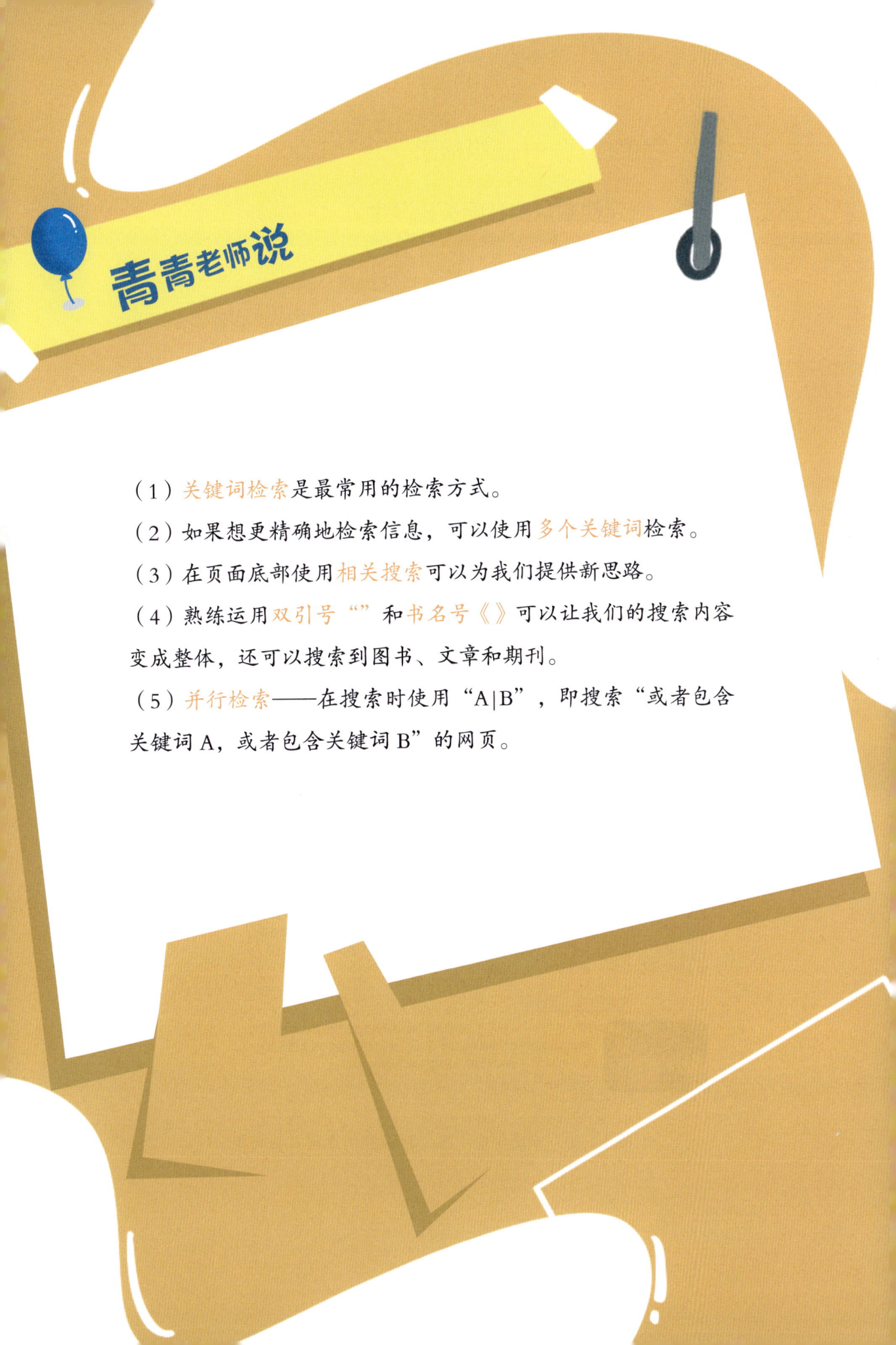

青青老师说

（1）关键词检索是最常用的检索方式。

（2）如果想更精确地检索信息，可以使用多个关键词检索。

（3）在页面底部使用相关搜索可以为我们提供新思路。

（4）熟练运用双引号""和书名号《》可以让我们的搜索内容变成整体，还可以搜索到图书、文章和期刊。

（5）并行检索——在搜索时使用"A|B"，即搜索"或者包含关键词A，或者包含关键词B"的网页。

1.1.2 百度检索——高级检索

1.1.2.1 限定搜索范围在网页标题中

青青老师在教室的电脑上打开百度搜索引擎。

"同学们注意,这个操作可以帮助我们限定搜索范围在网页标题中。网页标题通常是对网页内容的归纳,把查询内容限定在网页标题中,可以得到和输入的关键字匹配度更高的检索结果。"说着,青青老师在搜索栏键入了"intitle:折纸飞机"(图1.1.10)。"记得没有空格哦!"

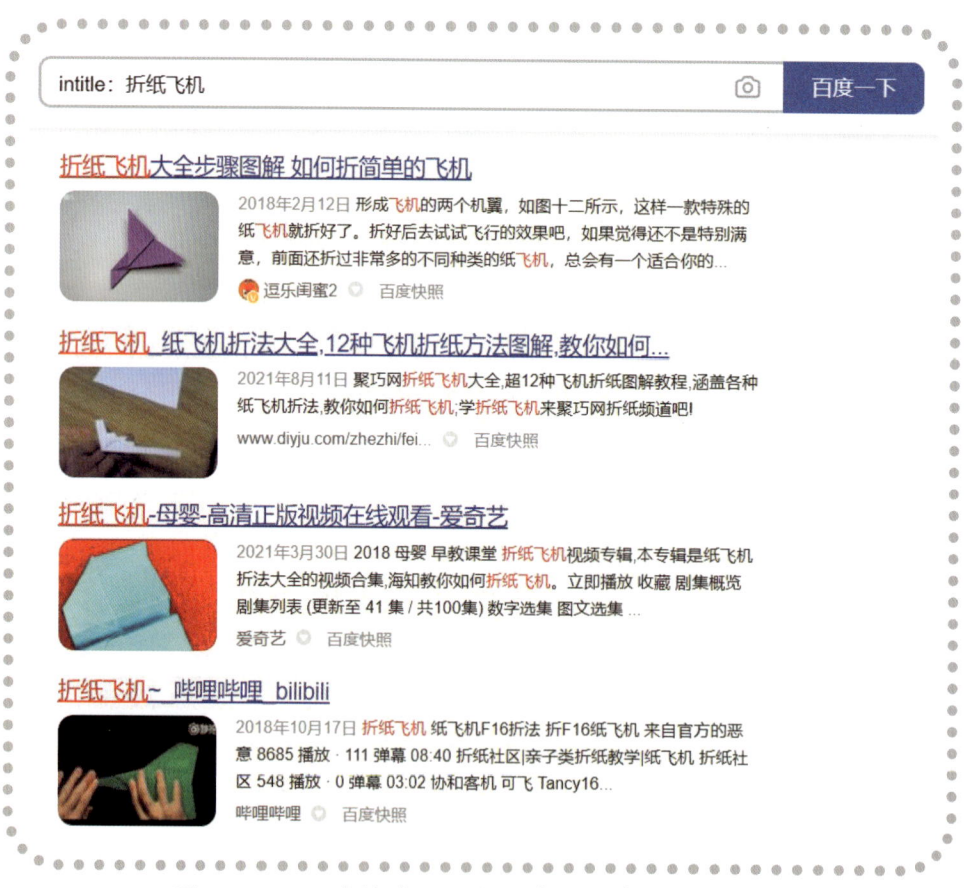

图1.1.10 百度检索:限定搜索范围在网页标题中

1.1.2.2　限定搜索范围在特定网站中

"下面这个操作可以限定在特定网站中找到我们需要的内容。比如我想在北京航空航天大学网站中找到和纸飞机有关的内容，就要这样。"青青老师说着，键入了"折纸飞机 site: buaa.edu.cn"（图1.1.11）。"注意关键词和后面的'site'之间是有一个空格的哦。"青青老师提醒道，"我们来看下，搜索结果中的网页链接，都是在北航的网站里检索到的内容了！"

图 1.1.11　百度检索：限定搜索范围在特定网站中

"site"是网站的意思，把"site"和对应的网站链接加到"纸飞机"后面，就可以让我们在想要的网站里找到对应的搜索条目了。

1.1.2.3 限定搜索范围在特定格式

"最后就是这个啦。"青青老师在搜索栏键入一行复杂的字符："纸飞机飞行原理 filetype: doc"（同 "filetype: doc 纸飞机飞行原理"）（图 1.1.12）。"这样我们就能找到特定格式的文件。大家看这些网页链接的前面是不是都有一个蓝色的'W'？这就是我们找到的'.doc'文件。记住，这其中没有任何空格哦。"

图 1.1.12　百度检索：限定搜索范围在特定格式

青青老师强调："filetype 是文件格式的意思。有的时候，我们想要找到记录更详细、论述更充分、专业性更强的电子文档或者电子说明手册，就可以使用这种搜索方式。"

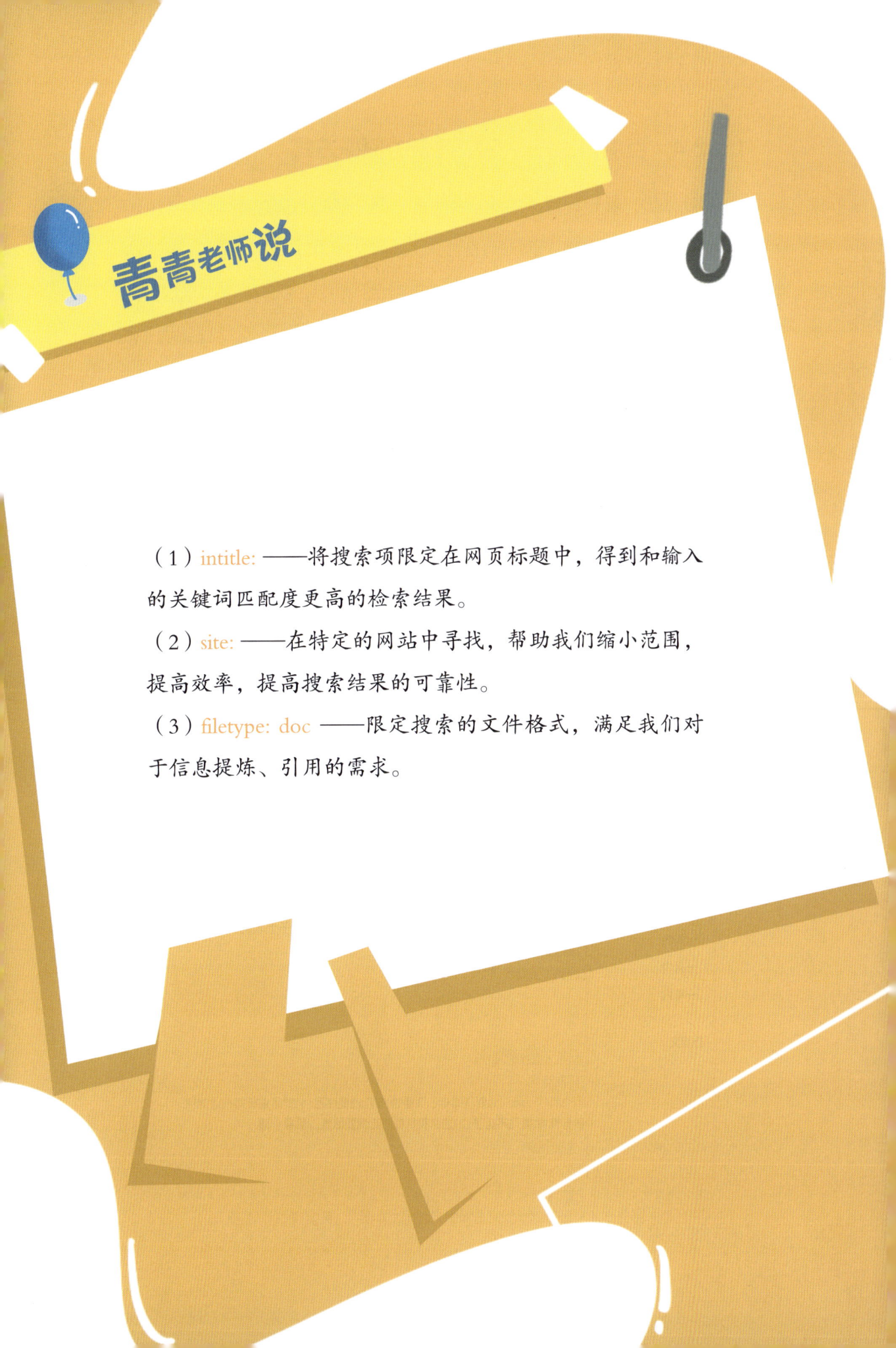

青青老师说

（1）intitle: ——将搜索项限定在网页标题中，得到和输入的关键词匹配度更高的检索结果。

（2）site: ——在特定的网站中寻找，帮助我们缩小范围，提高效率，提高搜索结果的可靠性。

（3）filetype: doc ——限定搜索的文件格式，满足我们对于信息提炼、引用的需求。

1.1.2.4 百度检索——高级检索的便捷方式

"同学们，看到搜索栏下这个'搜索工具'了吗？通过点击它，我们可以选择时间、文件格式和网站（图 1.1.13）。选择时间，我们就可以得到想要的时间范围内的内容；选择文件格式，我们就可以选择指定格式的文件；而点击"站点内检索"，我们就可以输入自己想去的网站，这样就实现了高级搜索的便捷检索（图 1.1.14）。怎么样，是不是方便多了？"

"是！"教室里回响着同学们热切的呼喊声。

图 1.1.13　百度检索中的"搜索工具"及其时间选项

图1.1.14 "搜索工具"中的文件格式选项及"站点内检索"输入框

做一做

练习一：

请同学们用百度搜索引擎检索资料，寻找到下面问题的答案吧。

（1）一个完整的纸飞机主要由 _____ 、_____ 和 _____ 三部分组成。

（2）在玩纸飞机时，我们常常会对着飞机头哈一口气，这个 _____（有/没有）科学依据。为什么？请列出你的理由。

（3）最早的纸飞机能够追溯到 _____（填写时间）。

（4）纸飞机放飞的最高海拔是 _____ 米。

（5）"吉尼斯世界纪录"中被誉为飞得最久的纸飞机在空中滞留了 _____ 秒。它是窄机柄设计，无尾翼。这架神奇的纸飞机是由设计者 _____ 制造的。

（6）飞得最远的纸飞机是 _____ ，这个神奇的小东西飞了69.14米，相当于20层楼的高度。据说它并没有使用特殊的纸张或者任何辅助设备，能飞得远全靠科学的折叠设计。

练习二：

怎么样，亲爱的小朋友，通过上面的学习，你现在是不是也有很多想法要去施展一番呢？请你用学到的多种搜索方法，搜索你感兴趣的内容，并且做好笔记，分享给你的同学吧！

1.2 数据库的使用

困困和闹闹根据青青老师上次课后布置的作业，认真收集了纸飞机的相关资料，但是他们在资料检索的过程中却遇到了他们未曾预料到的难题。

在困困收集到的资料中，包含了纸飞机的飞行原理简介、纸飞机的折法，还有纸飞机的历史记录等各种各样的资料，实在是有些繁杂。更让他泄气的是，这些资料实在是太零散了。从哪一份资料看起呢？困困有些手足无措。

> 每一份资料似乎都有用，但资料之间的关系却并不明晰，这为我们梳理纸飞机的知识造成了很大的困难呢。

闹闹这边的情况也没有好到哪里去。他发现他收集的一些资料，最终给出的就只是一个结论。至于这个结论是怎么得出的，对应的论述过程是什么，他却始终找不到答案。甚至有些资料还给出了相互矛盾的结果，无法判断资料的准确性。

"确实，碎片化的信息让我们难以系统地学习这一领域的知识，没有证明和论述作为支撑的结论和结果在某种程度上是不可信的。"了解了困困和闹闹的疑惑，青青老师走了过来，对他们说。

可现在困困和闹闹都已经使出了九牛二虎之力，没其他可行的办法了。看到大家的失落，青青老师决定教给困困和闹闹另一种更为专业的资料检索方式——数据库检索。

> 数据库是什么呢？是装数据的仓库吗？这又和我们的纸飞机有什么关系呢？

读一读

科学的发展离不开一代代科学家孜孜不倦的探索。为了更好地让科研成果积累下来，科学家们会将自己的研究思路、研究过程和研究成果进行整理，以论文的形式发表在刊物上，以实现学术共享。而步入现代社会，各式各类的期刊将相关的资料数字化，变成一份份电子文档，从而形成学术数据库。

例如 ScienceDirect 便是全球著名的一个学术数据库，涉及数学、物理、化学、医学、计算机科学、工程技术、社会科学等多个领域。该数据库中的文献，每年的下载量高达 10 亿多篇，为世界科学技术的发展做出了巨大的贡献。

在中国，我们也有一个重要的国家知识基础设施——中国知网（图1.2.1）。它拥有强大的资料、文献检索功能，能提供工业类、农业类、医药卫生类、经济类等多种数据库。与百度检索不同的是，知网检索的结果更多的是专业性的学术资料、期刊文献等，是走上科研之路必不可少的助手。

中国知网网址：www.cnki.net

图 1.2.1 中国知网

"所以说，在中国知网上收集到的资料就会更系统、更专业、更学术，也会更可信咯！我们要梳理有关纸飞机的知识，也就会更系统了！"看完了上面的一段资料，困困仿佛发现了新大陆，一下子就跳了起来。

"我也不用因为质疑搜索结果的正确性而发愁了，因为能够找到支撑结果的系统的研究过程！"闹闹终于舒展了紧皱的眉头，开心地笑起来。

梁启超曾说："资料从量的方面看，要求丰备；从质的方面看，要求确实。所以资料之搜罗和别抉，实占全工作十分之七八。"意思是指资料检索的工作要保质保量，工作量本就是较大的，所以同学们要有耐心和毅力！接下来，我们一起来学习具体的操作吧！

1.2.1 资料检索—中国知网

1.2.1.1 基础检索：关键词检索

青青老师打开了中国知网的页面。这一次，困困在闹闹还没有反应过来之前，就以最快的速度在最明显的搜索框中输入了"纸飞机"，并按下回车键进行了检索（图 1.2.2）。

图 1.2.2　中国知网：关键词检索

但是问题很快就来了，搜索出来的内容各种各样，甚至包括一些报纸新闻。但实际上，困困和闹闹真正感兴趣的是支持纸飞机长时间飞行的良好结构以及飞行原理相关的内容。

有了百度搜索引擎的基础，尽管遇到了困难，困困和闹闹也很快在青青老师的电脑上找到了"高级检索"这四个字，并且他们能依稀感觉到，这个功能能够帮助他们快速筛选文章的主题。

1.2.1.2　高级检索

困困和闹闹在搜索框的右侧找到了"高级检索"入口（图 1.2.3），点开后不难发现，除了可以设置最初的搜索主题外，还可以设置多个

图 1.2.3　中国知网："高级检索"入口

限定条件，比如"篇关摘""关键词""作者"等选项，而这些限定条件可以通过右侧的加减号来设置添加或去除。

我们还可以给每一个限定条件设置精确程度。设置为"精确"，能够精准地找到我们想搜索的内容，但是搜索到的结果可能会比较少；设置为"模糊"，可以扩大我们的搜索范围，得到的结果也会更多一些。此外，我们还可以给上面设置的各种限定条件添加逻辑关系，比如"and"表示"和"，"not"则表示"除了"，等等（图1.2.4）。

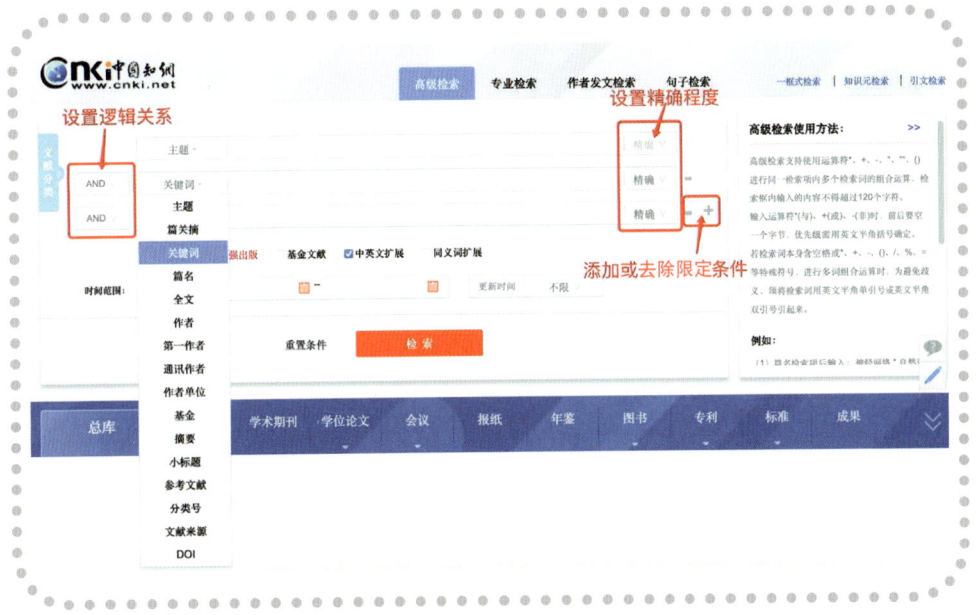

图1.2.4　为中国知网高级检索的限定条件设置精确程度和逻辑关系

听到这里，兴奋的困困迫不及待地敲击键盘操作起来。"真没想到这里检索功能那么齐全，快让我来试试！"

困困将"主题"和"关键词"都设置为"纸飞机"并进行"精确"搜索，最终得到了18个有效的结果，并且其中有不少符合探究纸飞机飞行原理的检索结果。一旁的闹闹不禁说道："真厉害，这样的检索方式可以很快地查到我们想要的结果！"

搜索结果已经显示出来了，但是检索其实尚未完全结束。看到当前的界面，我们可以发现，左上角不但显示了检索结果的数量，同时还能让我们挑选中文或者外文的文献；在下方的"主题"栏目中，可以筛选更加细致的主题以得到更准确的结果；在上方右侧的栏目中可以选择"学术期刊""学位论文"等各种文献类型（图1.2.5）。

图1.2.5　中国知网检索结果页面

但是紧接着，问题再一次出现了。看着眼前的检索结果，哪怕数量已经被限制到了十几篇，可是究竟哪一篇才是对我们真正有帮助的呢？

别着急，接下来我们一起来看看如何进行结果的初步筛选。

以"纸飞机"为"主题"，经过"精确"检索，我们得到的结果如图1.2.6所示。

图 1.2.6　中国知网以"纸飞机"为主题的精确检索结果（部分）

我们可以通过"被引"和"下载"数量的排序来大致挑选出一些更有阅读价值的文章。

被引量的意思是这一篇文章在发表之后，有多少其他的文章引用了这篇文章，将它作为参考文献。下载量表示这篇文章在中国知网上一共被下载了多少次。

可以发现，被引量越大，说明论文越容易受到同行的认可；下载量越大，论文就越受欢迎。

具体的操作方式，只需要点击"被引"和"下载"即可。点击后能够看到旁边会出现小箭头，"↑"表示升序，"↓"表示降序。当我们选择降序，被引量或下载量高的文章就能够展现在前面了，也更加方便我们查阅。

当然，被引和下载数量并不能代表全部，我们还是要依据对应文章的题目来挑选符合我们要求的结果。以"纸飞机"的检索为例，我们来看一下文章的题目（图 1.2.7）：

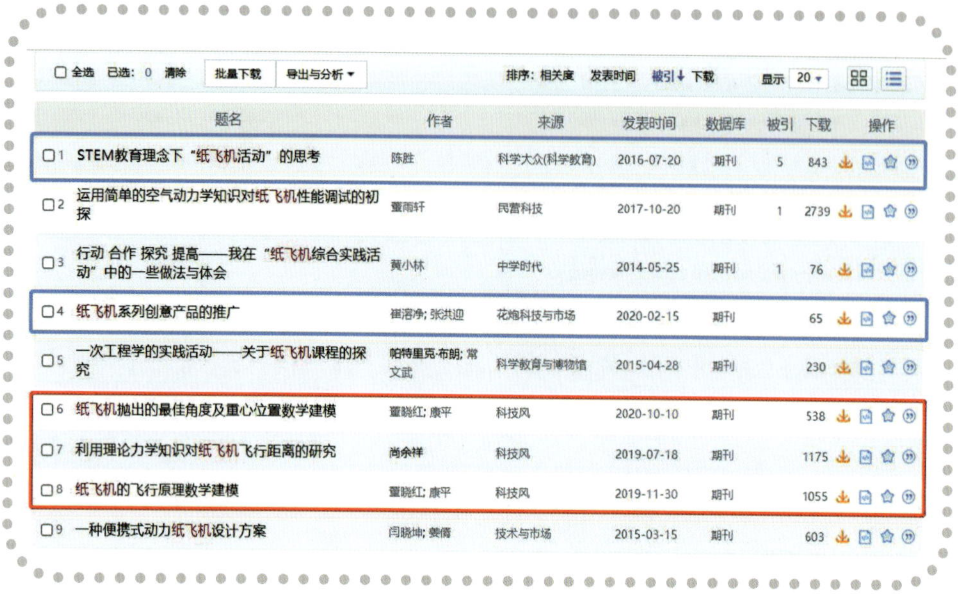

全选 已选：0 清除 批量下载 导出与分析 排序：相关度 发表时间 被引 下载 显示 20

	题名	作者	来源	发表时间	数据库	被引	下载	操作
1	STEM教育理念下“纸飞机活动”的思考	陈胜	科学大众(科学教育)	2016-07-20	期刊	5	843	
2	运用简单的空气动力学知识对纸飞机性能调试的初探	董雨轩	民营科技	2017-10-20	期刊	1	2739	
3	行动 合作 探究 提高——我在“纸飞机综合实践活动”中的一些做法与体会	黄小林	中学时代	2014-05-25	期刊	1	76	
4	纸飞机系列创意产品的推广	崔溶净; 张洪迎	花炮科技与市场	2020-02-15	期刊		65	
5	一次工程学的实践活动——关于纸飞机课程的探究	帕特里克·布朗; 常文武	科学教育与博物馆	2015-04-28	期刊		230	
6	纸飞机抛出的最佳角度及重心位置数学建模	董晓红; 康平	科技风	2020-10-10	期刊		538	
7	利用理论力学知识对纸飞机飞行距离的研究	尚余祥	科技风	2019-07-18	期刊		1175	
8	纸飞机的飞行原理数学建模	董晓红; 康平	科技风	2019-11-30	期刊		1055	
9	一种便携式动力纸飞机设计方案	闫晓坤; 樊倩	技术与市场	2015-03-15	期刊		603	

图 1.2.7　以“纸飞机”为主题检索结果中的部分文章

在检索结果前列，我们用蓝色框标注的文章就并不符合我们的要求。像第一篇，更多的是介绍某种教育活动和理念，对于我们研究如何让纸飞机飞得更远没有帮助，可以将这些文章排除掉。而下方的红色框中，研究纸飞机抛出角度以及重心位置的文章则和我们的研究主题密切相关，应该挑选这样的文章去进行更加深入的阅读。

做一做

练习一：

请同学们仔细阅读教材，寻找下面问题的答案吧。

（1）请问以下哪些属于数据库？

    A. 中国知网　B. ScienceDirect　C. 百度一下　D. 搜狗问问

（2）以下哪些是查找文献时的重要参考指标？

    A. 被引量　B. 下载量　C. 文章字数　D. 文章发表时间

（3）请问被引量的大小有什么参考价值？

练习二：

课后，困困和闹闹都觉得课堂上讲解的内容新奇有趣，那么接下来请大家自己动手，选择一个有趣的话题，试试用中国知网进行文献的搜索吧！

1.2.2 文献阅读

闹闹很快就在中国知网中找到了很多关于"如何让纸飞机飞得更远"这一话题的论文。但是，正当闹闹以为即将大功告成的时候，他们又遇到了问题。

> 哎呀，这篇论文也太长了，密密麻麻的，根本看不懂呀！

> 难道那么长的论文就没有什么好的阅读方法吗？

"**阅读文献的第一步便是不要感到害怕！**"青青老师面带微笑地说道，"第一次面对专业性较强的文章，感到不适应是正常的，但阅读文献是有方法可循的。下面我就以《利用理论力学知识对纸飞机飞行距离的研究》这篇文章为例，带你们感受一下文献阅读吧！"

困困和闹闹大受鼓舞，他们点击了文章的标题，并在青青老师的指导下选择了HTML阅读。青青老师补充说："HTML全称是'Hyper Text Markup Language'，我们可以用浏览器在线阅读，不需要下载额外的阅读软件。"（图1.2.8）

图 1.2.8　中国知网 HTML 阅读选项

映入眼帘的，便是这篇文章的标题、摘要和关键词了。

标题是这篇论文的题目，就跟大家平时写的作文的题目一样。困困和闹闹不禁困惑起来："那摘要又是什么呢？"

摘要体现了一篇文章的主要内容，是整篇文章的提炼和总结。

摘要会描述四方面内容：研究背景、研究对象、研究方法和研究结论（图 1.2.9）。

阅读一篇文章都是从阅读摘要开始的。因为通过阅读较为简洁的摘要，我们就可以在短时间内快速理解这篇文章到底讲了什么。更重要的一点是，阅读摘要后，我们便可以根据"我们想知道什么"和"文章讲了什么"大致判断这篇文章的内容值不值得自己进一步细读。这在文献繁多、信息爆炸的今天是非常重要的。

因此，我们阅读文献摘要的时候，始终要记住两个问题。第一，文章讲了什么；第二，这篇文章是否值得我继续阅读。

困困和闹闹赶忙点点头，暗暗觉得了解了摘要背后的学问，仿佛进入了一个新的、深邃的世界。

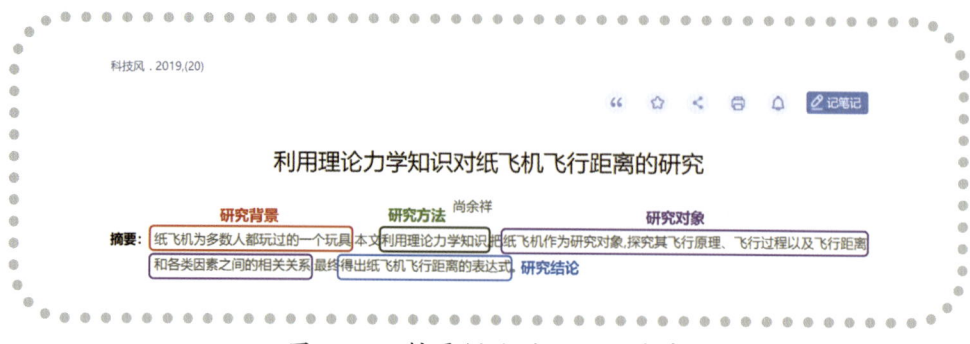

图 1.2.9　摘要描述的四方面内容

关键词能够表明这篇文章中出现的最为关键的词汇。它的主要作用是方便人们通过这几个词汇找到这篇文章。

难怪！困困和闹闹突然意识到，他们正是输入了"纸飞机"才找到的这篇文章，这兴许跟这篇文章的关键词里含有"纸飞机"有着重要的关系。

"虽然这篇文章的摘要很短，但也大体具备了相应的结构。"青青老师解释道。

纸飞机是大家喜爱的玩具，这是研究的背景。文章利用了理论力学的知识，这是研究方法。这里的研究方法主要是理论上的分析，如果对应到实验，常见的方法就有控制变量、对照实验等。研究对象是纸飞机，探究其飞行距离和对应的影响因素。研究结论是飞行距离的数学表达式。

困困和闹闹听到这里眼睛一亮，心想："正是因为论文都把信息这般清晰地列举出来，才能给科研工作带来很大的方便吧！这样阅读论文，对于我们来说条理也清晰多了。"

闹闹迫不及待地继续阅读，但是事情远没有自己想得那么简单，刚刚阅读了几行就遇到了好多不认识的词汇和不理解的概念，也逐渐忘记了如何条分缕析地阅读论文，陷入了一种迷惑与不耐烦的情绪中。

> 先别急着逐字阅读哦，如果还没能很好地把握论文的整体结构，很容易在大段文字的阅读中把自己搞糊涂。我来给大家讲一下论文正文的基本结构。

正文部分一般有这样的写作框架：研究背景、文献综述、研究方法、研究过程、研究结论和总结展望。当然，每篇科技论文的具体框架一般会根据实际情况做出一定的调整。

通过研究背景，我们可以了解文章想要探究飞行距离的表达式，用一种更加客观、更加数学化的语言来描述影响纸飞机飞行距离的因素（图1.2.10）。

"哇，你看，真的是这样的！"闹闹指着电脑屏幕对困困说道。困困也马上看到了"探究飞机飞行距离表达式"的文字，并点头说道："是的，这正是咱们想要找的内容，太好了！"说着，二人又不顾青青老师的讲解，赶忙往下接着读，结果——

> 世界上有若干具有一定影响力的纸飞机比赛，通常的参赛规定是使用一张特定规格的纸，例如A4大小的纸张，折成一架纸飞机。折好后在无风的室内环境投掷，并测量其留空时间和飞行距离等成绩。一种叫作Suzanne的折法曾创下飞行距离的吉尼斯世界纪录，现以Suzanne纸飞机为例（图1），探究飞机飞行距离表达式。
>
> 图1 Suzanne纸飞机　下载原图

图 1.2.10　文章的研究背景

"呀，这都是什么意思啊？"困困被"力矩""偶力矩"吓到了（图 1.2.11）。阅读大段文字本就很消耗耐心了，现在看到这些专业词汇，困困更是一头雾水。

> **一、纸飞机重心分析**
>
> 纸飞机的平衡关键因素是它的重心，如果重心在中心对称点上，那么纸飞机将更加平衡。根据对称性原理，纸飞机的中心点一般就是飞机前端到尾翼的中间之处，这样飞机就可以十分稳定。纸飞机重心点的位置会影响到飞行的距离。如果我们折的纸飞机重心点位置适中，在纸飞机的下滑过程中，纸飞机机翼会受到均匀的空气动力，保证了飞行的稳定性，能飞得更久。机翼在机身上的位置决定了纸飞机重心的位置，如果重心太过靠前，就很难获得空气的反作用力，从而有可能加剧了飞机下落的速度，这种情况下重心与升力之间有偶力矩作用，飞机前部会重于后部，使飞机前部向下俯冲。重心靠后的情况下重心与升力产生的力矩会使飞机迅速爬升，但是随之阻力增加而失速坠落。如果能控制机翼的位置使重心点位置准确，则会增加纸飞机的稳定性，从而使飞机飞得更远。
>
> 所以在叠纸飞机的时候应该尽量将重心靠近最佳位置升力点上（即升力的合力作用点），如此才能保持纸飞机的稳定。[1] 升力主要是靠空气给机翼反作用力的向上分力，假设这些力量是均匀分布在机翼表面，那升力的合力应该作用在飞机机翼的几何重心位置。由于纸飞机是左右对称的，所以重心一定在中间的对称面上，把纸飞机对折起来，然后利用理论力学上常用的细绳悬挂法来求出纸飞机的重心，如图2所示。
>
> 图2 Suzanne纸飞机的重心　下载原图

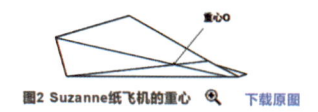

图 1.2.11　阅读文章时遇到专业词汇

青青老师摸了摸困困的头，笑着说道："现阶段以大家的知识储备可能无法快速地理解一些专业词汇。可以先关注每段的段首。我们一起看下，这两段段首都讲了什么呢？"

"所以说我们之后的阅读只需要找寻并理解关键信息就好了！"闹闹逐渐明白了，发现在接下来的文章内容中，有一部分是对上文做出的猜想进行数学分析验证（图1.2.12）。"这些概念和公式，虽然现在的我们还不太明白，但我可以把它们记在我的笔记本上，在以后学习了相关知识，我就能更好地理解它们了。这就像是寻宝，那些被我们珍藏的东西终究会在某一天显示它的真正价值。困困，你也是这样想的吧？"

困困并没有立刻回答，而是已经在将"伯努利原理""牛顿第三定律"等概念工工整整地抄写记录在本子上，然后才缓缓说道："当然，这才是我们小小科学家该做的事情！"

二、建立力学模型分析飞机飞行表达式

纸飞机的机翼是平整的，上下表面气流流速相同，无压力差，因此我们不能利用伯努利原理去求解纸飞机的升力，只能利用牛顿第三定律来求解。

对纸飞机的机翼做受力分析，投掷纸飞机的时，一般都会与水平面形成一定的角度，斜向上投掷。这时机身与水平线的夹角称为投掷角。当纸飞机前进时会给空气一个垂直于机翼的力量，相对的空气也会给机翼一个反作用力，这个力量的垂直分力即为飞机的升力，水平分力成为阻力的一部分。[2]

f_z	纸飞机飞行时的空气阻力
f_l	纸飞机飞行时的升力
θ	纸飞机上升阶段的仰角
h_{1y}	上升的垂直高度
v_{x1}	最高点时的水平方向的速度
v_{x2}	飞机落地时水平方向的速度

纸飞机的飞行，在不考虑其形状变化，同时认为折叠完全理想的状态下，其飞翔可以看作是给定一定动能的飞机滑翔，即纸滑翔机，因我们研究的是纸飞机的水平飞行距离，所以暂且假设纸飞机在飞行过程中左翼和右翼受力均匀，而且手在投掷时也是水平向前发力，最终纸飞机不会发生偏转，可看作飞机在一个平面内做上升和滑翔运动。但是由于纸飞机飞行过程中受力大小和方向在改变，导致其加速度在改变，进一步使得飞机速度在改变，其实质为变加速曲线运动，研究该类运动，则需利用高等数学中微积分的知识，建立加速度、速度和距离之间的关系。

图 1.2.12 文章中的数学分析验证

"分析结束后，文章给出了一段总结性的陈述，这是最终的实验结论。通过这篇文章，我们成功认识了纸飞机飞行距离和起飞角度等因素之间的关系，对如何使纸飞机飞得更远有了更清楚的认识以及理论上的支撑。"（图 1.2.13）

> 三、结语
>
> 本文主要进行了纸飞机的飞行原理的探究，在求得重心的基础上，运用理论力学关于物体运动方面的知识，并结合高等数学以及非线性目标规划的方法，建立使得投掷距离最远的函数，然后根据牛顿第二定律及物体运动规律等知识建立相应的约束条件，建立完整的飞行距离与起飞角度等因素之间的函数。纸飞机虽然很小，但是蕴含着丰富的力学和物理学知识，让我们体回到科技的无穷奥妙。

图 1.2.13　文章的结语

困困和闹闹听到这里，就想立刻去设计纸飞机，却被青青老师叫住了："论文还没有结束，难道你们不想知道后面是不是还有其他可用的内容吗？"

困困和闹闹又连忙停下来听青青老师讲解。"正文部分结束后，作者最后还会附上文章的参考文献，用以表明在科学研究中自己以哪些其他的文献作为基础、从哪些其他的研究中获得了启发。我们以后在写论文和做研究时，也要对参考文献这一部分内容的撰写引起重视。"（图 1.2.14）

> 参考文献
>
> [1] 贾跃华.理论力学小论文纸飞机[J].OL, 2014-01-14.
> [2] 陈立群.《理论力学Ⅰ, Ⅱ》评介[J].力学与实践, 2013, 35 (04) :98+94.

图 1.2.14　文章的参考文献

"到此，这篇论文的介绍已经基本结束了。按照上面的逻辑去理解文章，我们能够更加清楚地知道一篇文章究竟写了什么，以及为什么这样写。这样可以更加迅速有效地抓取目标信息。老师希望你们能再回顾一下刚才讲解的内容，可不要囫囵吞枣哦！"

哇哦，原来论文还有那么多讲究啊！

知道了这些有关论文的知识，这样我们也可以去更好地阅读啦！

果然，在掌握了更加系统化的资料检索知识后，困困和闹闹行动起来更有方向了。接下来的几天，孩子们总是不断地查阅资料并尝试叠出性能最好的纸飞机。这期间虽然也不断地遇到问题，但是困困和闹闹并没有退缩和不耐烦，而是按照青青老师讲解的，一步一步地去完成，有复杂或不理解的内容就及时请教老师或者记录在报告中。

最终，困困和闹闹的纸飞机迎着阳光，划过一道弧线，飞了出去！

做一做

练习一：

（1）请问文章的"摘要"是什么，它有什么作用？

（2）一般来说，以下哪些部分属于正文？

　　A. 研究背景　B. 问题分析　C. 关键词　D. 摘要

（3）判断题：一篇文章末尾的"参考文献"部分冗长多余，难以找到有价值的信息。（　　）

练习二：

　　请同学们动手试一试，针对自己感兴趣的某个问题在中国知网进行检索，并尝试阅读一篇文献。

青青老师说

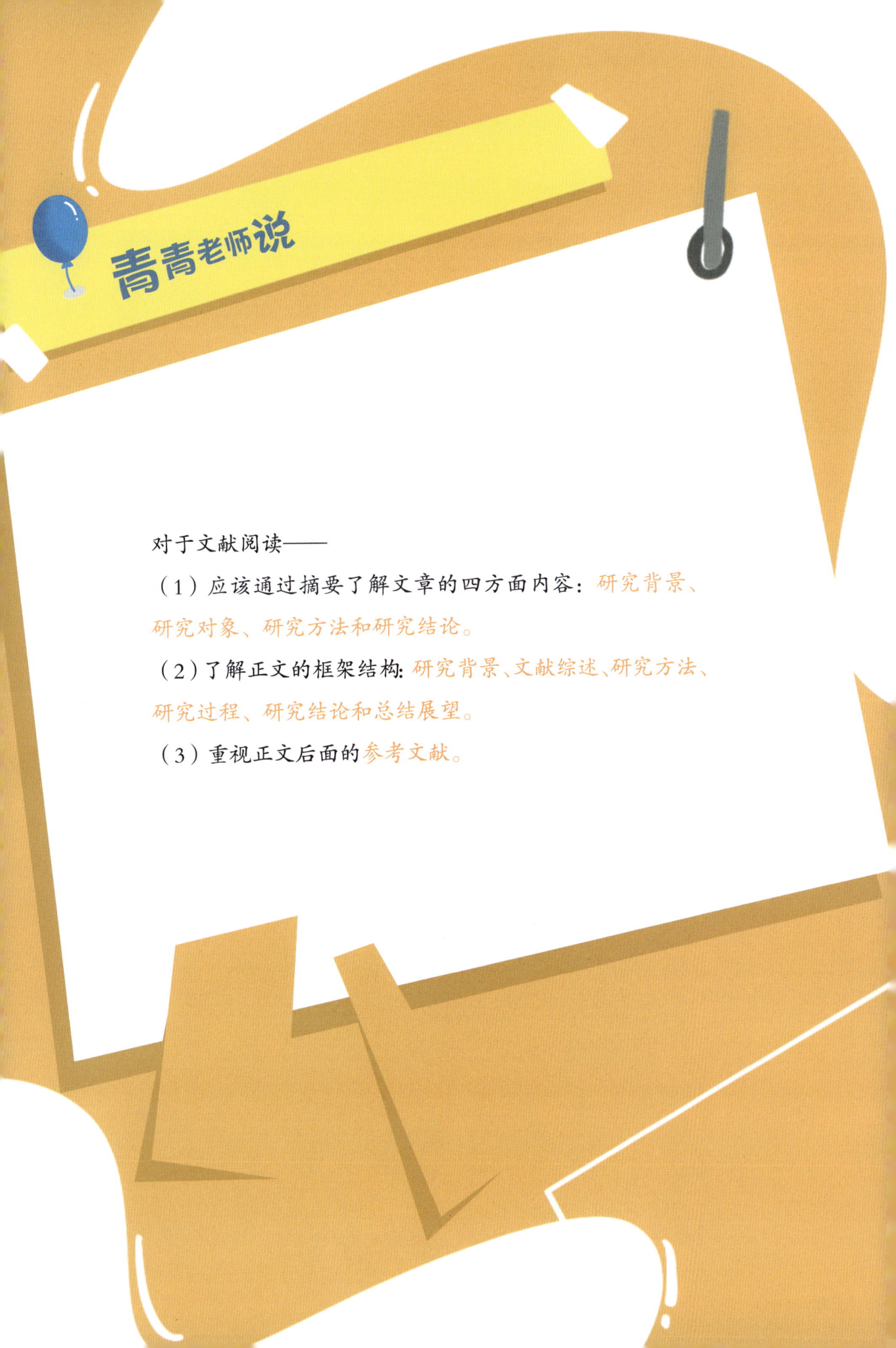

对于文献阅读——

（1）应该通过摘要了解文章的四方面内容：研究背景、研究对象、研究方法和研究结论。

（2）了解正文的框架结构：研究背景、文献综述、研究方法、研究过程、研究结论和总结展望。

（3）重视正文后面的参考文献。

2 科学地表达信息 / 报告撰写

探究如何让纸飞机飞得更高更远的过程让困困和闹闹充满成就感。这样的过程怎样才能记录下来，成为可供他人学习和参考的资料呢？在本章，让我们一起跟随困困和闹闹的脚步，看看他们怎样将研究过程一步步整理撰写，形成了报告吧！

好好学习 天天向上

制作纸飞机的想法和心得分享！

百度搜索与文献阅读带来的收获无疑是巨大的。困困和闹闹自信满满,已经迫不及待地和同学们分享起自己对于纸飞机设计的想法了。在大家钦佩的目光中,他们绘声绘色地描述着,小手不停地比画。班级里洋溢着浓浓的求知与快乐的氛围。

看到同学们如此有兴致,青青老师不禁露出了微笑。她也意识到这是一个让同学们学会运用检索技巧与阅读技巧、总结归纳信息、更好表达自己想法的绝佳机会——

哇,这个分享真的很棒!不过,现在老师还想问大家一个问题:听了困困和闹闹的讲述,大家对他们的想法了解了多少呢?

我记得他们说要把纸飞机的机翼卷起来……还有……我有点记不清了。

哎呀!不是卷起来,是机翼的尖端要翘起来!果然是好记性不如烂笔头……

"哎对了,他们好像还说了,为什么要翘起来来着?"

"好像是……"

"不不不,是这样的才对……"

大家七嘴八舌地讨论着,差点把困困和闹闹都绕迷糊了。

大家别着急,其实很多同学可能也注意到了,仅仅依靠口头的分享,我们获得的信息往往是不够全的,而且很容易忘记了或者记错了。但是,如果我们用文字把分享的内容记录下来,这些信息就能被所有人轻易地"捉住",大家说是不是呀?

闹闹立即大声"嗯"了一声,激动地说道:"如果我们把想法写下来,隔壁班的同学看了也能直接了解我们的'伟大创意',太棒了!"

没错!这就是一种更好地表达自己创意的方法——科技报告。大家想不想学呢?

"想！"同学们的回答整齐而响亮。于是，青青老师娓娓道来——

"无论是研究纸飞机，或者是研究其他大家感兴趣的问题，我们都可以遵循科学研究的步骤一步步地深入探索，并把思路、过程和结果等记录下来，形成科技报告。这样既能帮助我们整理创新和研究的思路，又能最大限度地'留住'信息，让更多人看到并了解我们的想法和研究成果，甚至能给他们带来启发……"

> 原来有这么好用的方法！那我们也可以写一篇关于飞得更高、更远的纸飞机的报告！

> 对！这样大家就能更清楚地了解我们的研究成果了！

他俩越想越兴奋，恨不得马上开始动笔写。

这时候问题来了——一篇合格的科技报告究竟需要包含什么内容？

困困此时可不是"小迷糊"了。他立马利用学到的资料检索技巧，在电脑上查到了如下的相关定义——

科技报告可以描述科学研究或创意发明的过程、进展和结果，也可以描述一个科学技术问题的发展历史和现状。

困困和闹闹不禁异口同声："原来是这样！"

惊叹声引起了小致与小真的注意。原本也对纸飞机研究很感兴趣的她们立即加入了困困与闹闹一组，形成了"努力写报告研究小分队"。聪明的小致和小真一加入就给小分队带来了一些启示："老师之前还说过，科技报告在科学研究中'身份多样'，各个环节中都少不了它的身影！"

在四人的一致赞同与共同努力下，小致很快整理概括出了以下结论：

科技报告的作用在于：

（一）推广、传播
通过详述研究情况或创新思路，让读者了解到研究的结果和方法。

（二）交流、利用
便于读者学习研究过程、结果或创新思路，从而提出建议或进行二次创新。

"大家真的太厉害了！"青青老师由衷地赞叹道，"大家了解了科技报告的内容组成与作用，真的是收获满满！除了科技创新报告，我们通常还会用到多种类型的报告，包括企业发展报告、政府发展报告、行业发展报告、工作总结报告、商业计划书……请感兴趣的同学课下查一查，这些报告分别是由谁撰写、写给谁看的，在哪些领域会起到关键的作用。"

想一想

请大家完成青青老师布置的家庭作业，再回顾一下新学到的知识，并通过资料检索，学习你感兴趣的拓展知识吧！

前期的检索、讨论与思考让小分队受益匪浅，也让他们的科学研究兴趣变得更浓厚了。第二天一大早，他们就找到青青老师，想学习撰写报告的方法和注意事项。

青青老师！我们想把对纸飞机的研究写成一篇报告，您可以教教我们如何开始吗？

当然可以！但是动笔之前，大家要先了解科学研究的六步骤哦！

在听了老师详细的讲解后，善于做笔记的小致对科学研究六步骤归纳出了以下信息（图2.0.1）：

1. 提出问题
问题背景与痛点

6. 结论与评估
产品评估、改进措施

2. 猜想与假设
产品功能及概念介绍、面向人群、适用场景、实现方式

5. 分析与论证
结果的分析与验证

步 骤

3. 制订计划和设计实验
分工、资料查找

4. 进行实验和收集数据
研究日记或过程记录

图 2.0.1　小致归纳出的科学研究六步骤

青青老师对小致笔记的知识补充：

科学研究的六步骤有两个重要的"身份"，一是可以作为研究活动规划的依据，二是可以作为科技报告的大纲。大家只需要按照这个结构填写相应内容就可以完成报告了。

写科技报告的时候，还需要达到三个要求：一是要严谨，需要内容真实，标明出处；二是要简洁，需要语言凝练，避免赘述；三是表现形式要创新，需要想法新颖，布局美观。

如果能达到这几点要求，一篇合格的科技报告就能完成了。

做一做

看了"努力写报告研究小分队"的故事,大家是不是也迫不及待地想体验写报告的乐趣了呢?请同学们跟随"努力写报告研究小分队",一起来完成报告吧!

2.1 提出问题

2.1.1 问题背景

我觉得问题背景就是:我的纸飞机飞得不如闹闹的远,我们尝试找出其中的原因。

小致听了困困的话若有所思,说道:"我觉得这只说明了表面的问题,我记得青青老师曾说过……"

问题的背景需要基于生活,但是同时要具有一定的普适性(对于大众适用),表达上还要易于理解。

对呀！我们应该好好利用青青老师教过的方法！大家一致表示赞同，随即热烈讨论起来。笔记本上很快就多了有关"问题背景"的描述——

> 叠纸飞机作为一种简单的娱乐活动，既能让人们在折纸的过程中锻炼动手能力，又能娱乐身心。

> 大家也快来学以致用吧！可以在确定自己想研究的问题后，仿照上述要求把问题的背景填入自己科技报告的相应板块中哦！

2.1.2 痛点

> 我记得提出问题的第二步就是找到痛点。我们的痛点是不是大多数纸飞机在飞行过程中容易坠落，不能飞行很远的距离啊？

没错！痛点就是要说明研究问题的根源！顺着小致的思路，大家你一言我一语地把关于"痛点"的描述完善了起来——

> 纸飞机的折法不同，其飞行距离差异也很大。有些纸飞机在飞行过程中很快坠落，影响飞行效果。

笔尖刚离开纸面，闹闹就迫不及待地把刚刚写好的成果递到老师面前，脸上有藏不住的自豪。青青老师表扬他："特别好！这两部分就应该这么写……"

　　提出问题部分就是要把想研究的问题与问题的根源分析清楚，便于大家找到更准确、具体的研究方向，同时也可以帮助我们提升研究与报告的社会价值。

　　想必"努力写报告研究小分队"的故事会给大家带来一些启发。请同学们仔细思考，挖掘自己所研究问题的根源吧！（记得填写到自己科技报告的相应板块中哦。）

2.2 猜想与假设

　　完成了第一阶段的报告书写，小分队收获了撰写报告的几个小技巧：

（1）写作前要了解报告每一个组成部分的含义；
（2）写作时要考虑报告的普适性（更大的受众群体）。

　　这满满的收获让大家更有信心完成报告了，于是小分队又请教了青青老师第二阶段的"猜想与假设"部分该如何书写。
　　青青老师觉得这是让小分队成员们掌握报告撰写小技巧的机会，于是她列出了一个表格让他们进行修改：

小标题	老师的写法
产品构想	我们希望能够增大纸飞机的飞行距离
面向人群	像困困一样想证明自己的小朋友
适用场景	数学课上发现问题的时候
实现方式	研究一种新型的纸飞机

同时老师还给出了几个"锦囊",帮助大家完成这些修改:

(1)产品构想的一般思路:通过xx方式,实现xx功能。
(2)提出的猜想:①有指向性,有事实支撑;②有一定原有认识基础。
(3)面向人群:①受众尽量广;②最能体现直接受益的人群。
(4)适用场景:①不违背客观规律与纪律;②尽量详尽。
(5)实现方式:语句要凝练!!!

拿到表格后,小分队十分兴奋,立即展开了热烈的讨论。大家在和小分队一起学习了写报告的技巧后,又会如何修改上述表格呢?快在下面表格右侧的"大家的修改"一栏中写下自己的答案,和小分队成员的答案比一比吧!

小标题	大家的修改

"耶！老师夸我们改得好呢！"受到表扬的小分队连声音中都透露着开心。其他同学立即被这欢呼声吸引了过来——究竟应该如何修改呢？大家一起来看看吧！

小标题	老师的写法	"努力写报告研究小分队"的修改
产品构想	我们希望能够增大纸飞机的飞行距离	我们希望能够提升纸飞机的飞行距离
面向人群	像困困一样想证明自己的小朋友	各个年龄段对纸飞机有兴趣并且想折出能飞得更远的纸飞机的人
适用场景	数学课上发现问题的时候	集体活动、娱乐时间
实现方式	研究一种新型的纸飞机	通过研究纸飞机的飞行原理，找到影响纸飞机飞行距离的因素，延长它的飞行距离

请大家仔细阅读"努力写报告研究小分队"的修改结果，和自己的对比，分析青青老师所给"锦囊"的使用方法，并完善自己研究问题的猜想与假设部分吧。

2.3 制订计划和设计实验

做足了前期的准备，现在请大家和小分队一起进入研究阶段吧！青青老师对小分队成员们强调，在研究之前需要有合理和明确的计划与分工，并鼓励小分队成员们对此展开讨论。

> 困困平时虽然迷糊，但做起事来却特别认真！可以让他先帮助我们整理查找好的资料。

> 还是大家一起来查找和整理吧，这样效率或许会高一点。

> 唔……但我觉得仅靠查找资料还不够——资料包含的内容那么多，该怎么找到我们需要的结果呢？

庞杂的搜索结果让小分队一时间无从下手。没过多久,那密密麻麻的文字就让困困的上下眼皮开始打架了……望着他打瞌睡时托起的脸颊肉,闹闹一下子就回忆起了不久前制作的"王者纸飞机"——有了!我们可以研究这架飞得远的纸飞机呀!

真是一语惊醒梦中人!小分队一致决定多折几种纸飞机,寻找它们和"王者纸飞机"的区别和联系,并试图从中发现影响纸飞机飞行距离的可能原因。

预实验:在正式实验前进行的较为简单的实验,可以帮助研究者摸索出好的实验方式,为正式实验打下基础。

> 闹闹的纸飞机起大作用了呢!但影响纸飞机飞行的因素肯定不止一个,我们有什么办法选出关键的几个因素呢?

困困两眼放光,立马抢答道:"这个我知道!"

说着,他神秘地拿出科学课本,刷刷地翻了起来,只见最后停留的那一页上赫然印着几个大字——"控制变量法"。

如果一件事与几个因素有关,在探究它们的关系时,改变其中的一个因素而控制其他因素不变,就能得出更准确的结论,这就是控制变量法。

课本上讲得好专业呀！我们实际应该怎么运用这种方法呢？

嘿嘿，这还得看我的！举个例子吧，在天气、折纸飞机的纸、掷纸飞机时使的力气都相同的情况下，对比尖端较薄和尖端较厚的纸飞机的飞行距离，就能知道尖端厚度有没有影响纸飞机的飞行了。

不错嘛，困困！按照这样的计划去研究，我们一定能成功！

困困被夸得有点不好意思，红着脸催大家快点制订科学的研究计划。

小分队研究计划：

（1）查找和整理资料：纸飞机的历史、飞行原理等。

（2）预实验：分别观察飞行距离不同的纸飞机的飞行情况，并思考飞行距离不同的原因。

（3）汇总资料，并根据预实验结果提出猜想。

（4）正式实验：用控制变量法验证猜想。

（5）制作产品：根据正式实验结果，折出飞得更高更远的纸飞机。

2.4 进行实验和收集数据

果然团结协作力量大,"努力写报告研究小分队"很快就投入研究,他们发现了许多问题,并且记录了下来。研究日记本被写得满满当当的。

青青老师当然不会放过这个让同学们互相学习的大好机会。以小分队的研究报告为样板,班里开展了一次有关科学实验记录的学习交流会——

💡 写作方法1:同学们可以用每日回忆录的方式,记录小组探索过程。

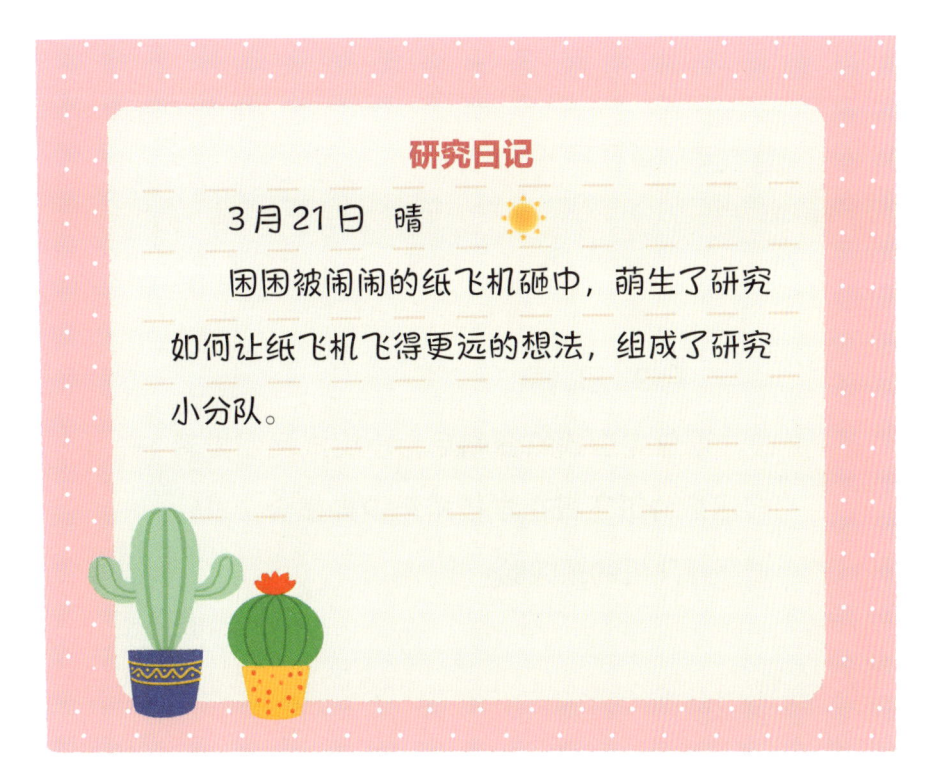

研究日记

3月21日 晴

困困被闹闹的纸飞机砸中,萌生了研究如何让纸飞机飞得更远的想法,组成了研究小分队。

写作方法 2：研究过程中出现突发情况很正常，大家不必惊慌，可以在报告中呈现小组遇到了什么样的困难，用什么方式解决。

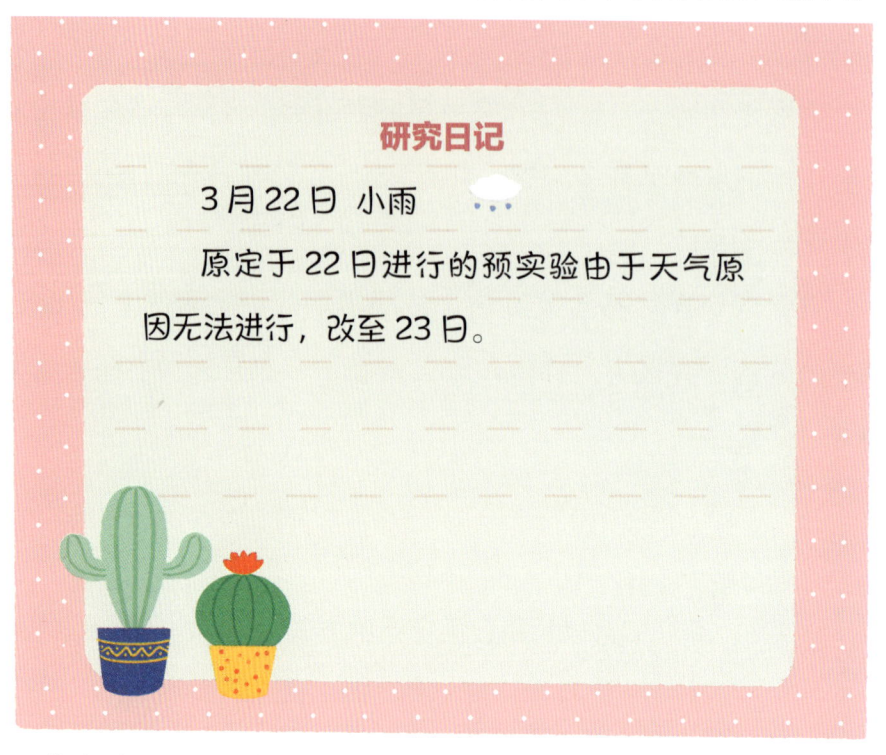

研究日记

3月22日 小雨

原定于 22 日进行的预实验由于天气原因无法进行，改至 23 日。

写作方法 3：对比实验，或者说研究方法之间的优劣分析，是找到更好创意方案的重要环节。

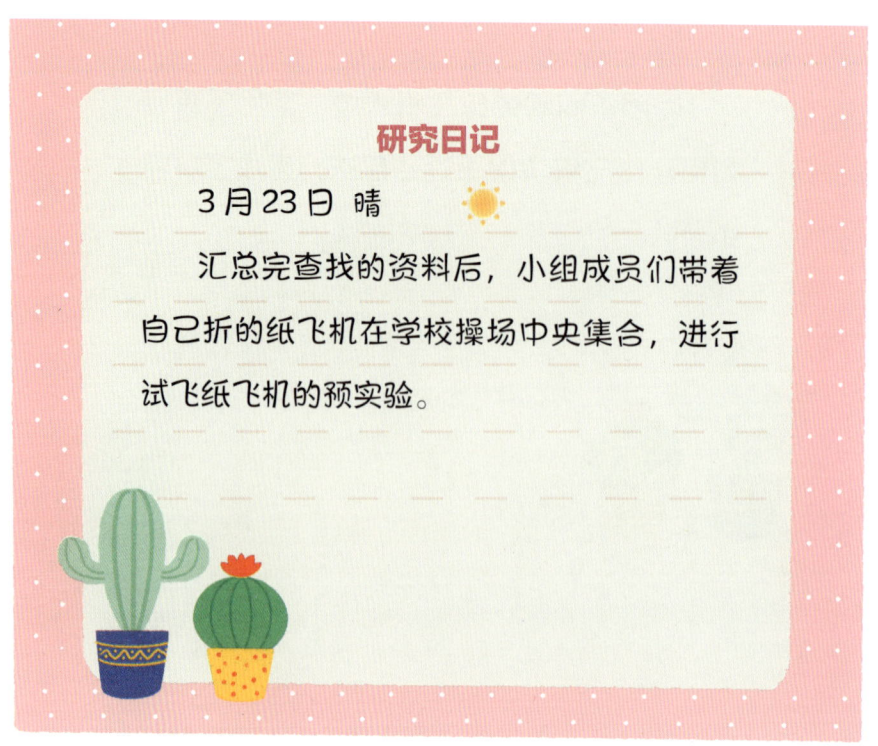

研究日记

3月23日 晴

汇总完查找的资料后，小组成员们带着自己折的纸飞机在学校操场中央集合，进行试飞纸飞机的预实验。

💡 写作方法4:"图文并茂"也是一种很好的可视化方式。

研究日记

3月24日 晴

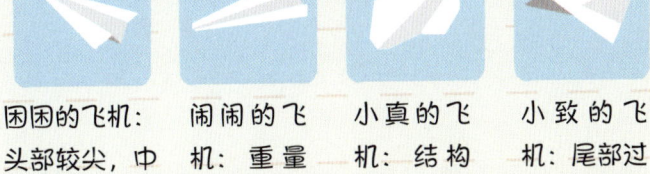

困困的飞机:头部较尖,中部较重,飞机前端上翘,飞行一段距离后摔落。

闹闹的飞机:重量分布均匀,飞行情况相对良好。

小真的飞机:结构松散,滞空时间短,下落很快。

小致的飞机:尾部过重,机翼过小,飞机无法滑行,迅速摔落。

研究日记

3月25日 晴

　　接下来小组成员比较四种纸飞机的共同点与不同点,发现闹闹的纸飞机与困困的纸飞机差别不大,但机头部分相对厚一点。小组成员们猜测闹闹的纸飞机性能良好与这有关。

2.5 分析与论证

> 写作方法5：大家可以找到创意的关键词，进行资料检索，并在报告中概括资料检索过程中获得的有效信息。

研究日记

3月26日 晴

推力：掷纸飞机时手对它的推力（引擎）。

阻力：飞机前进时，空气产生与前进方向相反的力。

升力：由于前进，在主翼上产生向上的力。

重力：纸飞机的全部重力。

重心：重力在纸飞机上的作用点。

💡 **写作方法 6**：控制变量法可以协助大家快速找到核心影响因素。

研究日记

3月27日 晴 ☀

为了让纸飞机飞得更远，就要增大升力和推力，减小阻力，有如下方法：

1. 在纸飞机机翼尾端适当地卷起弧角。

2. 在做成纸飞机之后，用胶布把翼面上重叠的纸张部位贴紧，减小阻力。

3. 将纸飞机的前端折厚一点，使纸飞机的重心前移。

结合这些猜测，囡囡和闹闹又折了几只不同的纸飞机（控制变量法），并约定第二天再次进行实验。

💡 写作方法 7：大家需要多思考不同现象背后的原因。

研究日记

3月28日 晴

我们分别用总结出的三种方法对困困的纸飞机做了改进，标为 1 号、2 号和 3 号，并将同时具有三个特征的纸飞机标为 4 号，在无风的操场上进行飞行实验。

经过改进的四架纸飞机的表现均优于困困最初折的纸飞机，而具体的飞行距离则为 4>3>2>1。据此，我们判断这三种方法都能增大纸飞机的飞行距离，其中最重要的是增大纸飞机前端的厚度，使纸飞机重心前移。

通过这些判断，我们总结出了一种能让纸飞机飞远的折法。

💡 写作方法 8：大家需要多进行归纳总结。

研究日记

3月29日 多云

小分队成员召开会议，总结了前几日的成果，并在青青老师的指导下，由小致和小真撰写报告的主要部分，困困和闹闹作补充。

看了小分队的研究日记以及老师指出的写作方法，大家是不是学到了很多呢？快在自己的报告中展现你的收获吧！

2.6 结论与评估

努力了这么久，报告就快大功告成啦！青青老师召集了小分队的成员们，问道："在记录了这么多内容后，大家觉得我们下一步应该做什么呢？"

小分队成员们开始集思广益。闹闹说："我们的纸飞机做得这么棒，我们要向全班同学介绍它！"

青青老师会心一笑，说："没错！这就是'产品宣传'环节，是非常重要的！不过，在此之前，我们不能忽略最后一个同样重要的步骤——总结与评估。"

大家回忆一下自己在阅读文献时的体验，作为读者，你是不是希望能阅读最少量的文字，但是能最大限度地获取信息呢？

对！我们更喜欢那些看第一眼，就能得到文章中最重要信息的段落！

总结部分——用尽可能凝练的语言和直观的方式概括实验目的、最优的解决方案、最终达到的效果，使科学研究的结果清晰地展现在读者面前。

原来这一步要做的，是用一句话概括纸飞机实验的结果。

目标明确，立马开工！小分队的几个人展开了热烈讨论，最终得到以下结论（图 2.6.1）：

改变纸飞机的折法，把纸飞机折小一点，用轻一点的纸折。把纸飞机的机翼弯折并用胶布粘贴平整，可以增强纸飞机的重心平衡度，使纸飞机飞得更远。

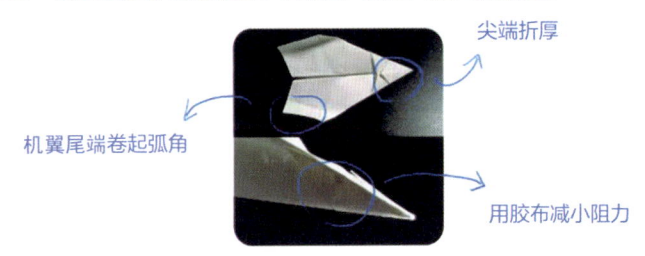

机翼尾端卷起弧角　　尖端折厚　　用胶布减小阻力

图 2.6.1 "努力写报告研究小分队"的结论

大家肯定都意识到了结论在报告中的重要性。请你用上面青青老师教的方法，概括出你所研究的科学问题的结论吧！

青青老师，我们把结论概括出来啦！
下一步的"评估"又是什么样的环节呢？

青青老师对同学们如此高的效率倍感惊讶，欣慰之余她打开了课程PPT。

小分队成员们好奇地抬起头，PPT上有这样一段生动的描述——

所谓评估呢，就是用充分的分析告诉读者你所得到的结论"好"在哪里，是否"最好"。我们可以从不同的角度分析研究结论的正误，或者是创意产品的优劣，并且依据分析提出改进的构想。这也是科技报告能推动科学研究进程的一大诠释。

"噢！我明白了！"同学们异口同声道。

不等青青老师开口，大家已经一溜烟地跑回教室，分析起纸飞机的优劣了。

不足与改进

现在的纸飞机还存在机翼可能会变形、纸飞机主体仍然漏风、容易折坏纸等不足，而且更多应用于娱乐情境中。但我们认为，其中蕴藏的科学原理对真实飞机的设计也有参考意义，这还需要我们学习更多的知识才能去研究。

优点

我们研究的纸飞机折法，优点是可以增大升力、减小阻力，折出的形状像真实的飞机，飞行时机翼不会散架，可以应用在日常娱乐、学习研讨等方面。

相信大家和小分队成员一样聪明！快来对自己的研究与创意做出合理的评估，写在科技报告的相应板块中吧！

困困问"下一步是什么"的话刚到嘴边就被迫咽了回去。他顺着闹闹手指的方向望向黑板——噢！原来青青老师早就把知识点准备好啦！

好的宣传方式总能让创意与研究的成果吸引更多人的关注，产生更大的影响力，这也是提升报告影响力的重要一环。大家快快动起聪明的小脑瓜，想出有趣的宣传方式吧！

纸飞机，纸飞机，
两个翼尖翘起来。
机翼叠成一张纸，
飞得更高又更远。

> 大家还想到了什么有意思的方式来宣传你的作品呢?

摘要

　　看着已经基本成形的报告,小分队成员特别有成就感。可是,青青老师说:"现在报告还缺少'灵魂',大家知道是什么吗?"

　　望着陷入沉思的成员们,青青老师给了一些提示:"大家回想一下,我们在查阅中国知网、阅读文献的时候,文献开头一般会由什么组成?"

　　小分队拿出之前检索的报告,仔细对比发现,原来这个神秘的部分是——摘要!

　　他们主动上互联网搜索了有关"摘要写作技巧"的知识,不愧是能活学活用的聪明孩子!

摘要应包含以下四点:
(1) 主要解决什么问题?
(2) 主要采用了什么研究方法?
(3) 解决问题后得到了什么结果?
(4) 所得结果有什么应用价值?

纸飞机作为一种折法简单、玩法有趣的手工作品，深受同学们的喜爱。常见的折法折出的纸飞机存在飞行距离比较短的问题（解决的问题）。本文查找物理学相关资料，使用控制变量的实验方法研究了影响纸飞机飞行的因素（采用的研究方法）。通过实验研究，我们发现，增大升力和推力、减小阻力，可以让纸飞机飞得更远，并得到一种将机翼尾端卷起弧角、贴胶布减小阻力、将尖端折厚的新型折法（得到的结果）。这个发现能帮助同学们将纸飞机的飞行距离延长，还能为飞机的设计提供思路（应用价值）。

　　学习了摘要写作技巧有关的知识点，大家也来协助青青老师看看小分队的摘要是否合格吧！（同时也别忘了给自己的报告添上摘要部分哦！）

参考资料

　　完成了报告正文后，小分队成员已经进入了对报告排版的讨论。青青老师问道："大家是不是在报告中运用了很多互联网上收集来的资料呀？"

　　困困和闹闹立即抢答道："是的是的！百度搜索和中国知网太神奇啦！我们可是掌握了好多奇妙的方法呢！"

　　小致和小真看着青青老师严肃的表情，陷入了思索。她俩问道："青青老师！您说过我们要尊重他人的知识成果，所以我们是不是要把我们参考了什么资料也写下来呢？"

　　青青老师满意地点头。小分队成员立即把参考资料写了下来。

参考资料

[1] 中国航空新闻网. 纸飞机也有世界杯, 告诉你不知道的纸飞机趣事[EB/OL].（2015-03-25）[2021-07-16]. http://www.cannews.com.cn/2015/0325/wap_122912.shtml.

[2] 纪录君. 77.134米！世界上飞得最远的纸飞机[EB/OL].（2022-05-30）[2021-07-16]. https://mp.weixin.qq.com/s/spuG9FMM_ln1uqDUAfE_-w.

[3] 尚余祥. 利用理论力学知识对纸飞机飞行距离的研究[J]. 科技风, 2019（20）:225, 227.

🎈 亲爱的同学们，大家都要意识到尊重他人知识产权的重要性哦。请你把自己所参考的文献资料都记录下来吧！

题外话

报告终于写完了！"努力写报告研究小分队"成员感慨道："写报告真不容易呀！需要注意很多细节，也要思考很多呢！""没错！不过一起协作完成报告的过程真的收获特别大！"

🎈 写完报告的大家，是不是也很有感触呢？请大家记录下自己的心得体会吧！

青青老师装饰小课堂

有了充实的内容，我们还可以给报告添上华丽的外衣——装饰。美观工整的展示形式往往能使报告更加吸引读者，同时也能让报告可读性更强。

现在就让我们跟着青青老师的步伐，踏上属于大家的个性化装饰之路吧！

（1）准备材料（图 2.6.2）。

A3、A4 纸　　　　荧光笔　　　　纸胶带

贴纸　　　　剪刀　　　　画笔

图 2.6.2　科技报告装饰所需的材料

（2）规划纸面区域，确定文字和贴画的大致位置（图 2.6.3）。

标题	三、小组分工
一、问题背景及痛点	
二、产品功能及概念介绍	四、研究日记
摘要	参考资料
	五、结论
	六、改进措施

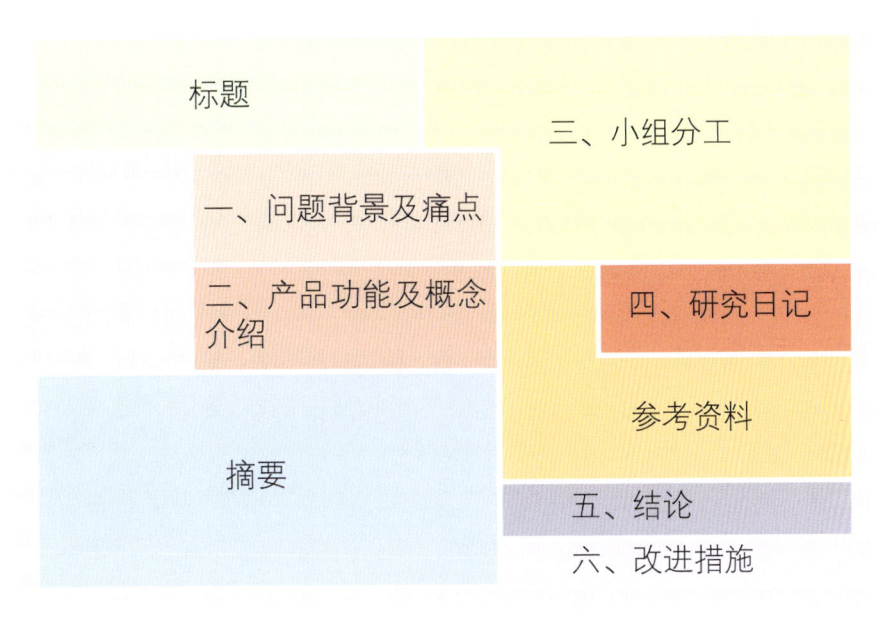

图 2.6.3　规划科技报告纸面区域

71

(3)分工完成文字部分。

纸飞机中的科学

研究小组：努力写报告研究小分队　　组　员：困困、闹闹、小致、小真
指导老师：青青老师　　　　　　　　提交日期：2021年7月11日

一、问题背景及痛点

纸飞机是一种人们很喜欢的玩具，但大多数纸飞机在飞行过程中容易坠落，不能飞行很远的距离。

二、产品功能及概念介绍

我们小组希望设计一种延长纸飞机飞行距离的折法。

1. 面向人群：各个年龄段对纸飞机有兴趣并且想折出能飞得更远的纸飞机的人。

2. 适用场景：集体活动、娱乐时间。

3. 实现方式：通过研究纸飞机的飞行原理，找到影响纸飞机飞行距离的因素，延长它的飞行距离。

摘要：纸飞机作为一种折法简单、玩法有趣的手工作品，深受同学们的喜爱。常见的折法折出的纸飞机存在飞行距离比较短的问题。本文查找物理学相关资料，使用控制变量的实验方法研究了影响纸飞机飞行的因素。通过实验研究，我们发现，增大升力和推力、减小阻力，可以让纸飞机飞得更远，并得到一种将机翼尾端卷起弧角、贴胶布减小阻力、将尖端折厚的新折法。这个发现能帮助同学们将纸飞机飞行距离延长，还能为飞机的设计提供思路。

三、小组分工

查找资料：全员参与　　小组讨论：全员参与
设计实验：困困、闹闹　　撰写报告：小致、小真

四、研究日记

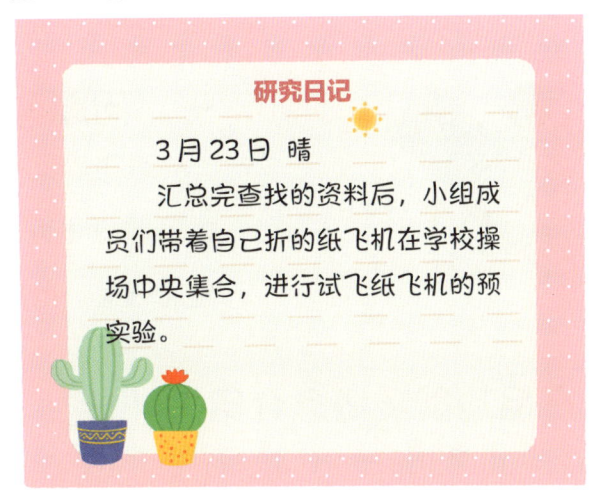

研究日记

3月23日 晴

汇总完查找的资料后，小组成员们带着自己折的纸飞机在学校操场中央集合，进行试飞纸飞机的预实验。

参考资料

[1] 中国航空新闻网．纸飞机也有世界杯，告诉你不知道的纸飞机趣事［EB/OL］.（2015-03-25）［2021-07-16］. http://www.cannews.cum.cn/2015/0325/wap_122912.shtml.

[2] 纪录君．77.134米！世界上飞得最远的纸飞机［EB/OL］.（2022-05-30）［2021-07-16］. https://mp.weixin.qqcom/s/spuG9FMM_ln1uqDUAfE_-w.

[3] 尚余祥．利用理论力学知识对纸飞机飞行距离的研究［J］.科技风，2019（20）:225,227.

五、结论

将纸飞机机翼尾端卷起弧角，贴胶布减小阻力；将尖端折厚，使纸飞机的重心前移，达到平衡，就能飞得更远。

六、改进措施

折纸飞机中蕴含的科学原理对真实飞机的设计也具有参考意义，我们还需要学习更多的知识才能去研究。

（4）用贴画和纸胶带丰富画面内容（有绘画特长的同学可以选择手绘）。

纸飞机中的科学

研究小组：努力写报告研究小分队　　**组　员**：困困、闹闹、小致、小真
指导老师：青青老师　　　　　　　　**提交日期**：2021年7月11日

一、问题背景及痛点

纸飞机是一种人们很喜欢的玩具。但大多数纸飞机在飞行过程中容易坠落，不能飞行很远的距离。

二、产品功能及概念介绍

我们小组希望设计一种延长纸飞机飞行距离的折法。

1. 面向人群：各个年龄段对纸飞机有兴趣并且想折出能飞得更远的纸飞机的人。
2. 适用场景：集体活动、娱乐时间。
3. 实现方式：通过研究纸飞机的飞行原理，找到影响纸飞机飞行距离的因素，延长它的飞行距离。

摘要：纸飞机作为一种折法简单、玩法有趣的手工作品，深受同学们的喜爱。常见的折法折出的纸飞机存在飞行距离比较短的问题。本文查找物理学相关资料，使用控制变量的实验方法研究了影响纸飞机飞行的因素。通过实验研究，我们发现，增大升力和推力、减小阻力可以让纸飞机飞得更远，并得到一种将机翼尾端卷起弧角、贴胶布减小阻力、将尖端折厚的新折法。这个发现能帮助同学们将纸飞机飞行距离延长，还能为飞机的设计提供思路。

三、小组分工

查找资料：全员参与　　小组讨论：全员参与
设计实验：囡囡、闹闹　　撰写报告：小致、小真

四、研究日记

研究日记

3月23日 晴

汇总完查找的资料后，小组成员们带着自己折的纸飞机在学校操场中央集合，进行试飞纸飞机的预实验。

参考资料

[1] 中国航空新闻网．纸飞机也有世界杯，告诉你不知道的纸飞机趣事［EB/OL］．（2015-03-25）［2021-07-16］．http://www.cannews.cum.cn/2015/0325/wap_122912.shtml．

[2] 纪录君．77.134米！世界上飞得最远的纸飞机［EB/OL］．（2022-05-30）［2021-07-16］．https://mp.weixin.qqcom/s/spuG9FMM_ln1uqDUAfE_-w．

[3] 尚余祥．利用理论力学知识对纸飞机飞行距离的研究［J］．科技风，2019（20）:225，227．

五、结论

将纸飞机机翼尾端卷起弧角，贴胶布减小阻力，将尖端折厚，使纸飞机的重心前移，达到平衡，就能飞得更远。

六、改进措施

折纸飞机中蕴含的科学原理对真实飞机的设计也具有参考意义，我们还需要学习更多的知识才能去研究。

（5）勾出边框和装饰。

纸飞机中的科学

研究小组：努力写报告研究小分队　　组　员：困困、闹闹、小致、小真
指导老师：青青老师　　　　　　　　提交日期：2021年7月11日

一、问题背景及痛点

纸飞机是一种人们很喜欢的玩具。但大多数纸飞机在飞行过程中容易坠落，不能飞行很远的距离。

二、产品功能及概念介绍

我们小组希望设计一种延长纸飞机飞行距离的折法。

1. 面向人群：各个年龄段对纸飞机有兴趣并且想折出能飞得更远的纸飞机的人。

2. 适用场景：集体活动、娱乐时间。

3. 实现方式：通过研究纸飞机飞行原理，找到影响纸飞机飞行距离的因素，延长它的飞行距离。

摘要：纸飞机作为一种折法简单、玩法有趣的手工作品，深受同学们的喜爱。常见的折法折出的纸飞机存在飞行距离比较短的问题。本文查找物理学相关资料，使用控制变量的实验方法研究了影响纸飞机飞行的因素。通过实验研究，我们发现，增大升力和推力、减小阻力，可以让纸飞机飞得更远，并得到一种将机翼尾端卷起弧角、贴胶布减小阻力、将尖端折厚的新折法。这个发现能帮助同学们将纸飞机飞行距离延长，还能为飞机的设计提供思路。

76

三、小组分工

查找资料：全员参与　　小组讨论：全员参与
设计实验：困困、闹闹　　撰写报告：小致、小真

四、研究日记

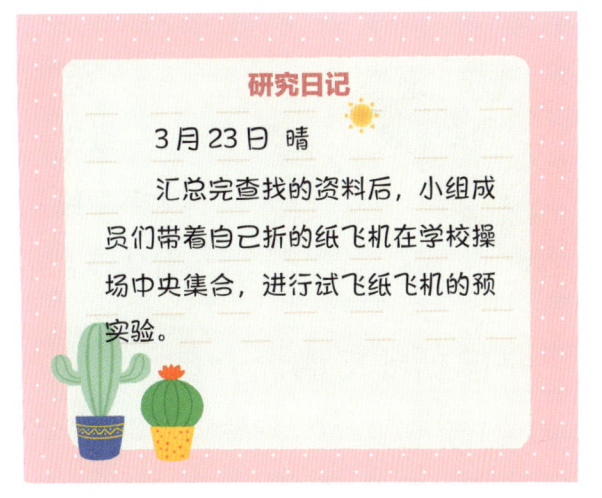

研究日记

3月23日 晴

汇总完查找的资料后，小组成员们带着自己折的纸飞机在学校操场中央集合，进行试飞纸飞机的预实验。

参考资料

[1] 中国航空新闻网. 纸飞机也有世界杯，告诉你不知道的纸飞机趣事[EB/OL].（2015-03-25）[2021-07-16]. http://www.cannews.cum.cn/2015/0325/wap_122912.shtml.

[2] 纪录君. 77.134米！世界上飞得最远的纸飞机[EB/OL].（2022-05-30）[2021-07-16]. https://mp.weixin.qqcom/s/spuG9FMM_ln1uqDUAfE_-w.

[3] 尚余祥. 利用理论力学知识对纸飞机飞行距离的研究[J]. 科技风，2019（20）:225，227.

五、结论

将纸飞机尾机翼尾端卷起弧角，贴胶布减小阻力，将尖端折厚，使纸飞机的重心前移，达到平衡，就能飞得更远。

六、改进措施

折纸飞机中蕴含的科学原理对真实飞机的设计也具有参考意义，我们还需要学习更多的知识才能去研究。

（6）用荧光笔勾画重点。

纸飞机中的科学

研究小组：努力写报告研究小分队　　组　员：困困、闹闹、小致、小真
指导老师：青青老师　　　　　　　　提交日期：2021年7月11日

一、问题背景及痛点

纸飞机是一种人们很喜欢的玩具。但大多数纸飞机在飞行过程中容易坠落，不能飞行很远的距离。

二、产品功能及概念介绍

我们小组希望设计一种延长纸飞机飞行距离的折法。

1. 面向人群：各个年龄段对纸飞机有兴趣并且想折出能飞得更远的纸飞机的人。

2. 适用场景：集体活动、娱乐时间。

3. 实现方式：通过研究纸飞机飞行原理，找到影响纸飞机飞行距离的因素，延长它的飞行距离。

摘要：纸飞机作为一种折法简单、玩法有趣的手工作品，深受同学们的喜爱。常见的折法折出的纸飞机存在飞行距离比较短的问题。本文查找物理学相关资料，使用控制变量的实验方法研究了影响纸飞机飞行的因素。通过实验研究，我们发现，增大升力和推力、减小阻力，可以让纸飞机飞得更远，并得到一种将机翼尾端卷起弧角、贴胶布减小阻力、将尖端折厚的新折法。这个发现能帮助同学们将纸飞机飞行距离延长，还能为飞机的设计提供思路。

三、小组分工

查找资料：全员参与　　小组讨论：全员参与
设计实验：困困、闹闹　　撰写报告：小致、小真

四、研究日记

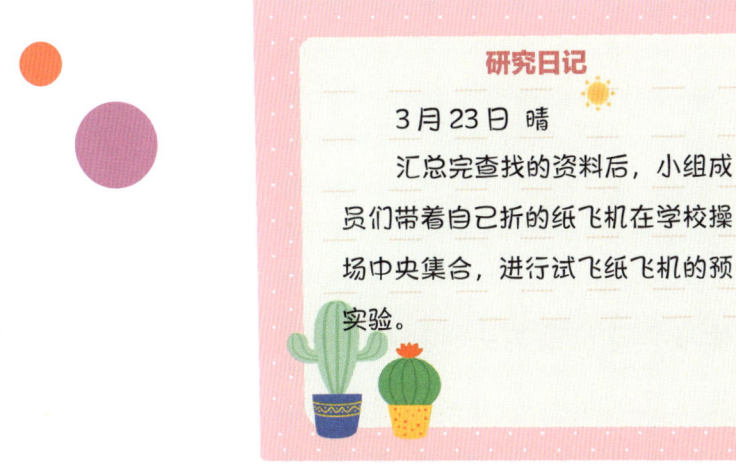

研究日记

3月23日 晴

汇总完查找的资料后，小组成员们带着自己折的纸飞机在学校操场中央集合，进行试飞纸飞机的预实验。

参考资料

[1] 中国航空新闻网. 纸飞机也有世界杯，告诉你不知道的纸飞机趣事 [EB/OL]. (2015-03-25) [2021-07-16]. http://www.cannews.cum.cn/2015/0325/wap_122912.shtml.

[2] 纪录君. 77.134米！世界上飞得最远的纸飞机 [EB/OL]. (2022-05-30) [2021-07-16]. https://mp.weixin.qqcom/s/spuG9FMM_ln1uqDUAfE_-w.

[3] 尚余祥. 利用理论力学知识对纸飞机飞行距离的研究 [J]. 科技风，2019 (20):225，227.

五、结论

将纸飞机机翼尾端卷起弧角，贴胶布减小阻力，将尖端折厚，使纸飞机的重心前移，达到平衡，就能飞得更远。

六、改进措施

折纸飞机中蕴含的科学原理对真实飞机的设计也具有参考意义，我们还需要学习更多的知识才能去研究。

青青老师说

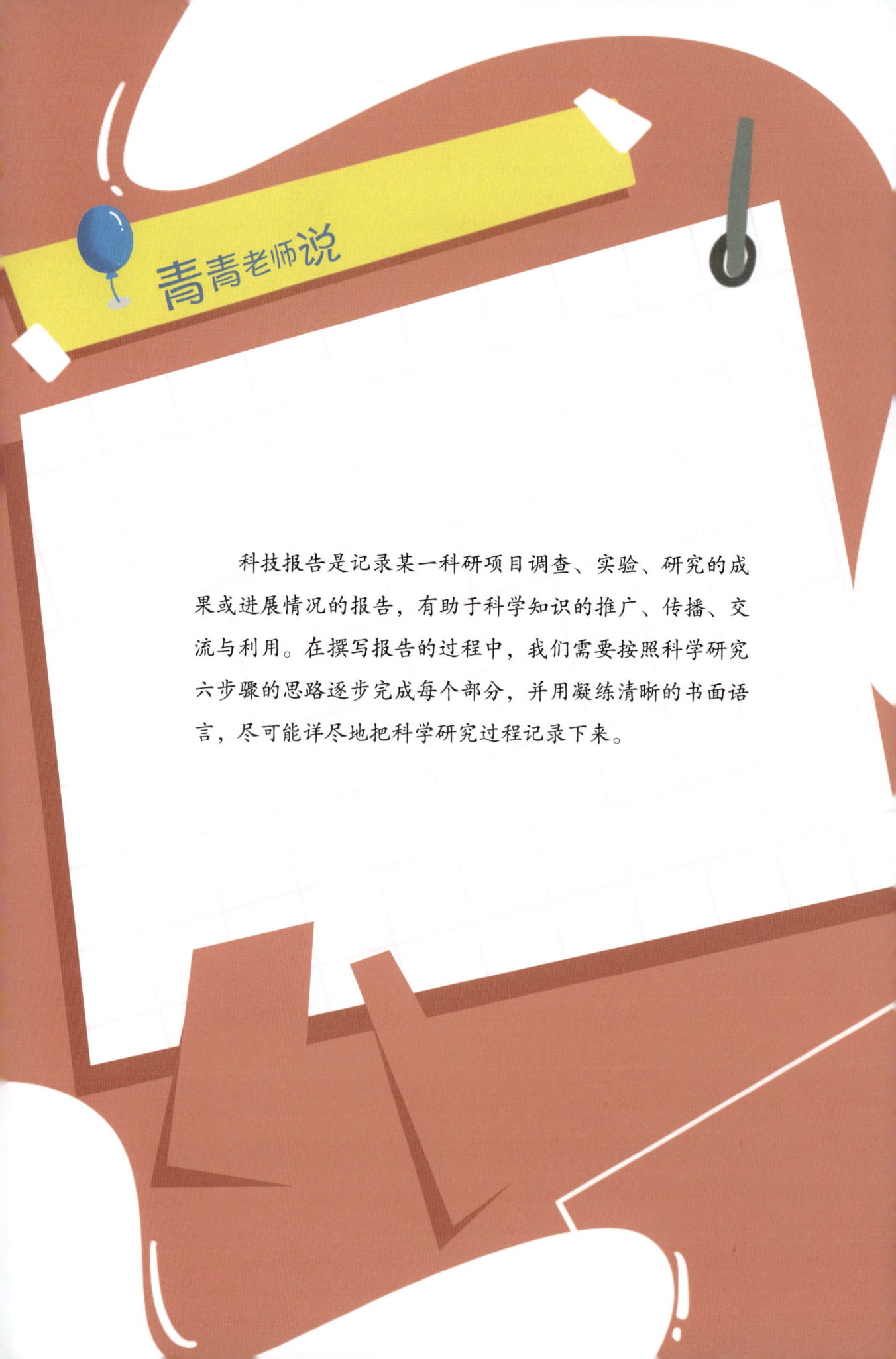

　　科技报告是记录某一科研项目调查、实验、研究的成果或进展情况的报告,有助于科学知识的推广、传播、交流与利用。在撰写报告的过程中,我们需要按照科学研究六步骤的思路逐步完成每个部分,并用凝练清晰的书面语言,尽可能详尽地把科学研究过程记录下来。

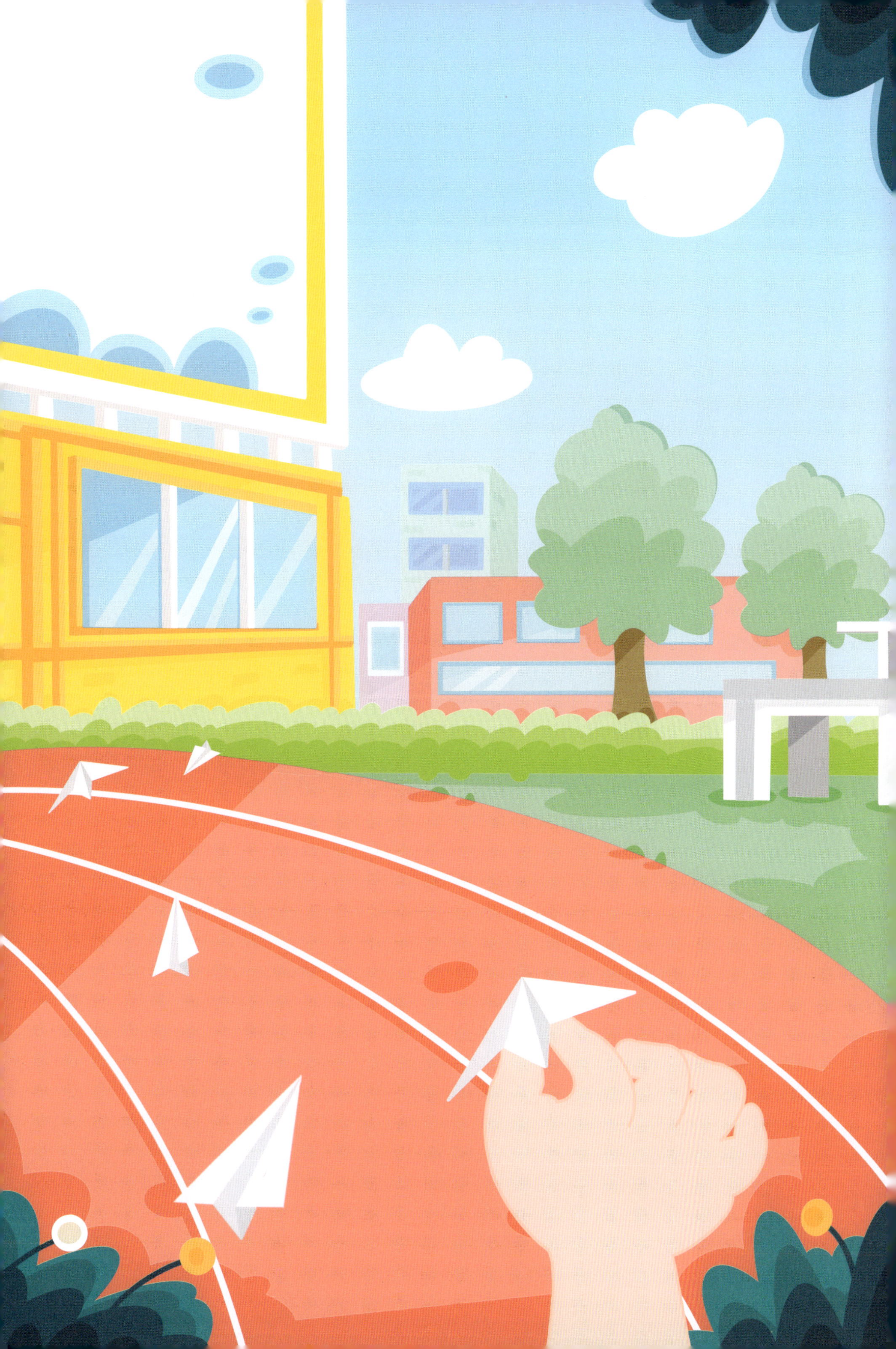

3 可视化地展示信息/PPT制作

"努力写报告研究小分队"通过资料检索及实验研究发现纸飞机的奥秘后,他们的故事在校园内流传开来。青青老师欣喜于"努力写报告研究小分队"的探索精神,决定让困困作为代表在班级里展示他们的研究成果。困困很高兴获得这样的机会,但是如何展示却让他犯了难。怎样将复杂的研究生动地呈现出来呢?在本章的学习中,让我们一起跟随困困和闹闹的脚步,看看他们怎样利用演示文稿,将纸飞机的研究生动、可视化地呈现出来吧!

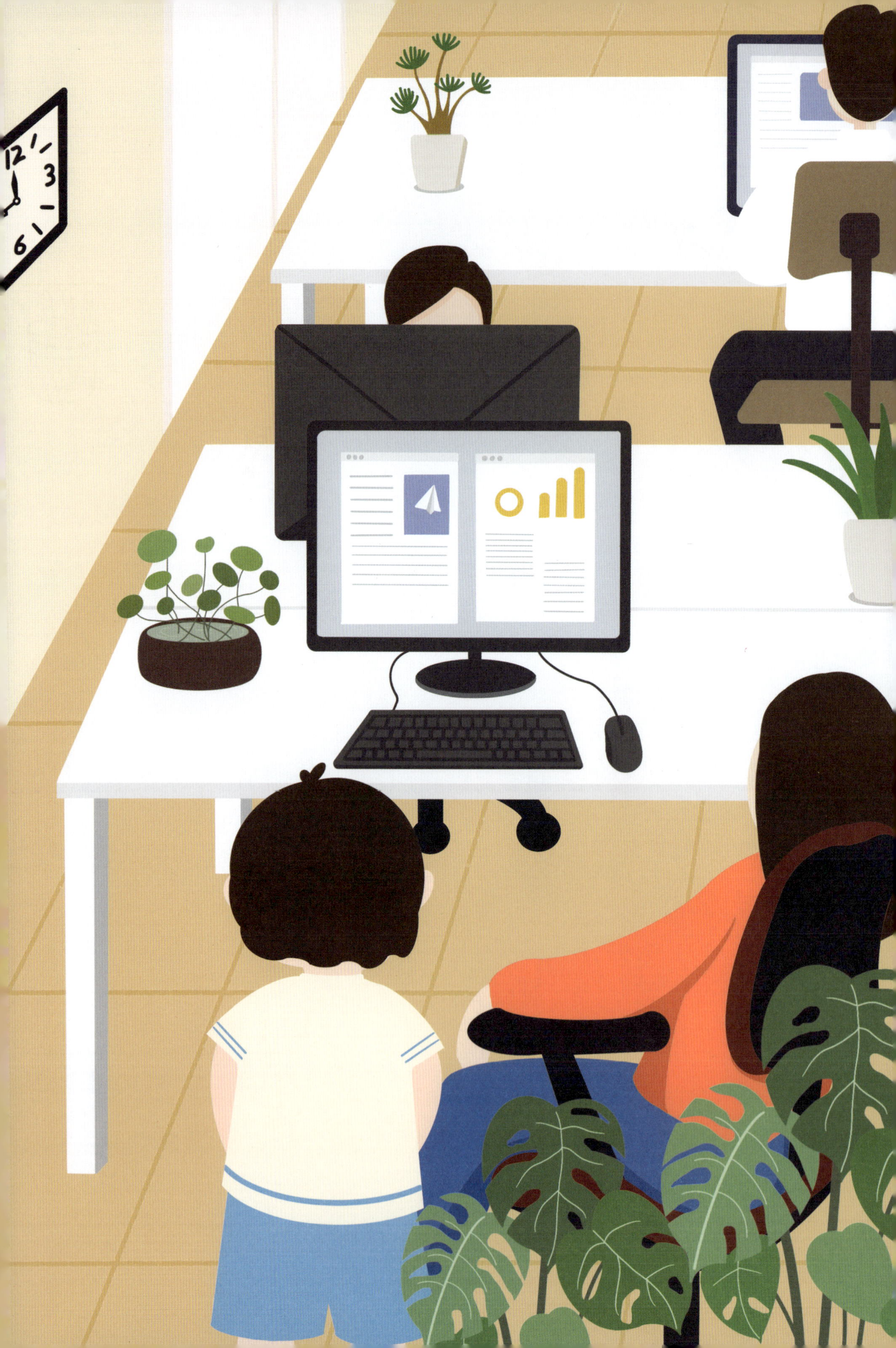

想一想

首先，虽然小分队前期的准备很充分，但是需要讲解的研究方案、研究过程、研究结果等内容很多，如何在较短的时间内尽可能地将所有的知识传递给观众，是困困需要考虑的第一个问题。

其次，纸飞机的飞行原理涉及复杂的物理学知识，困困担心同学们听不懂。如何以清晰、简单、直观的形式表述，是他要考虑的第二个问题。

最后，困困想让自己的展示生动有趣，而不是让同学们听着听着就呼呼大睡。如何把自己的成果以观众乐于接受的方式展现出来，是他要考虑的最后一个问题。

听了困困的困扰之后，大家一致认为要做好一次展示，需要解决这个关键问题：如何把我们的研究形象、生动地呈现出来？

3.1 PPT 简介

熟练掌握了资料检索技巧的困困马上查找资料。通过检索，困困发现利用计算机演示文稿进行演讲是当前应用最为普遍的展示方式。但是困困对于演示文稿一无所知。他找到青青老师请教利用演示文稿进行演讲的技巧。

读一读

提到展示，我们脑海里一闪而过的便是演讲。马丁·路德·金的《我有一个梦想》让大家认识到种族隔离主义的不公平和不道德；闻一多的《最后一次演讲》深刻地揭露了国民党反动派阴险的嘴脸和肮脏的罪行。细数历史上著名的演讲，无一不铿锵有力，振奋人心，在传达自己心声的同时，还引起了听众的思考。

但如果要展示的内容是一项系统的学术研究工作，对于复杂的知识和公式，仅仅用演讲的形式很难让观众听懂。

随着计算机技术的普及和多媒体技术的发展，现在已经出现了一种新的辅助展示工具——演示文稿。试想一下，当你在演讲的过程中提到某个数学公式，公式就能马上出现在观众面前；如果你提及某个型号的飞机，飞机图片很快就让观众亲眼看见；需要强调的重要语句，也能出现在屏幕上，那么我们的展示就能更加清晰直观。

演示文稿，指的是把静态文件制作成动态文件，把复杂的问题变得通俗易懂，使展示更为生动，给人留下更为深刻印象的幻灯片。现在应用最为广泛的演示文稿是 PPT，即用 PowerPoint 制作的幻灯片（资料来源：百度百科）。

需要注意的是，PPT 始终只是辅助演讲人演讲展示的工具。我们制作 PPT 是为了让观众更方便、更清晰地理解演讲者想要传达的内容。"我要讲什么"以及"我要怎么讲"始终是我们制作 PPT 过程中需要不断思考的两个关键问题。

3.2 PPT 基本操作

3.2.1 PPT 软件界面

了解了 PPT 的定义和功能后，囯囯打开 PPT 软件（图 3.2.1）。

最上方的是工具栏，在这里可以找到快速保存、快速撤回等按钮。工具栏下方是功能区，功能区包括"文件""开始""插入""设计""切换""动画""幻灯片放映""审阅""视图"等菜单选项卡，在每个选项卡下都可以找到需要的功能。

功能区下方左侧的是视图区，在这里可以看到幻灯片的缩小版视图，调整幻灯片之间的位置。视图区的右侧是最重要的编辑区，大部分的演示文稿编辑操作都是在这里进行的。

编辑区下方是备注区，主要用于标注当前 PPT 页面的关键信息。备注区下方是状态栏，用于记录软件此时的状态。

"我们一般使用最多的是工具栏、功能区、视图区以及编辑区。"青青老师开始为同学们讲解PPT制作过程。

图 3.2.1　PPT 软件界面

第一步"新建幻灯片"。在功能区找到"插入"栏，点击"新建幻灯片"选项（有的PPT版本，该选项在"开始"栏），编辑区就会出现一张空白的幻灯片（图 3.2.2）。

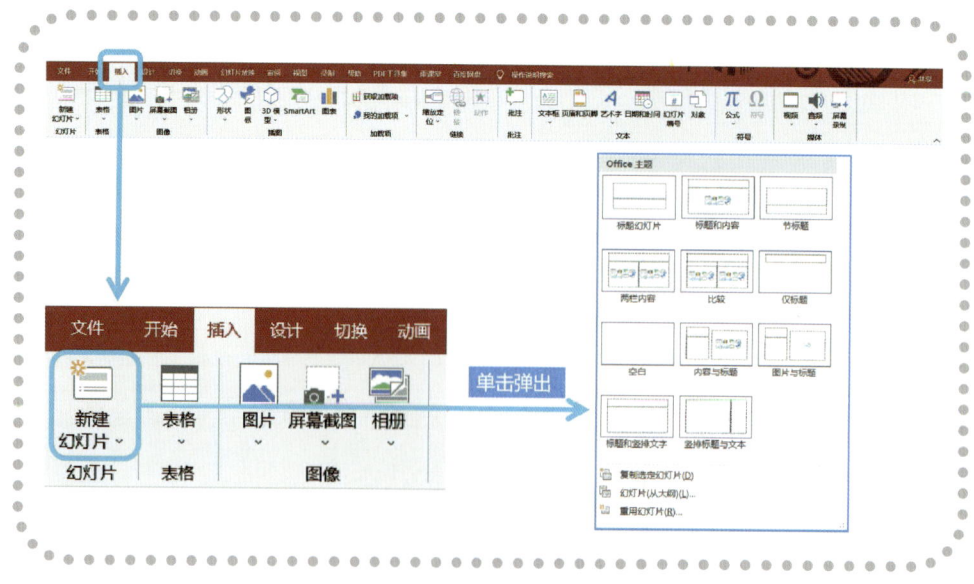

图 3.2.2　新建幻灯片

在视图区以右键点击视图，也有"新建幻灯片""复制幻灯片"和"删除幻灯片"等选项（图 3.2.3）。

图 3.2.3　视图区右键点击时出现的选项

3.2.2　PPT 基本操作

3.2.2.1　插入文字

点击"文本框"，在编辑区想要放置文本的区域按住鼠标左键进行拖动，就插入了文本框。在文本框中键入文字即可完成插入文字的操作（图 3.2.4）。

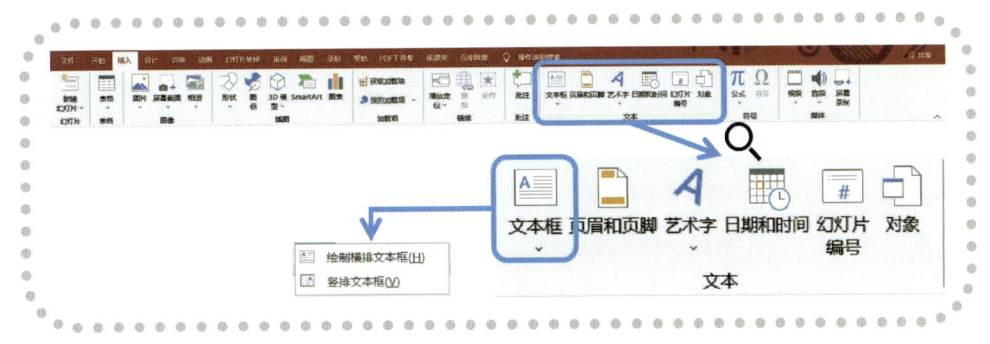

图 3.2.4　插入文本框

但是通常，默认的字号、字色并不能满足我们的需要，此时就要对它们进行修改。在选中需要修改的内容后，我们可以通过两种方式对字色、字号、字体等进行修改：一种方法是通过"开始"菜单选项卡的"字体"功能区；另一种便捷方法是选中文字后以右键点击，选择"字体"。

插入文本框（图3.2.5），在"字体"选项卡区或者右键点击后弹出的选项区进行操作，下面以"字体"选项卡区的布局为例进行操作演示。

图 3.2.5　文本框

点击图3.2.6中红框里的小箭头可以在弹窗中选择字号，或者直接输入自己想要的字号，适用于大幅调整字号。

图 3.2.6　选择字号

点击 A˄ 是指将字号调大一号，点击 A˅ 是指将字号调小一号，这里适合微调字号（图3.2.7）。

图 3.2.7　微调字号

在图3.2.8所示区域可以选择字体。

图 3.2.8　选择字体

在图3.2.9中，红框里从左到右依次是"加粗""斜体""下划线""文字阴影"，这些操作可以帮助我们根据需求把文字调整得更美观。

图 3.2.9　调整文字

点击图3.2.10红框里所示按钮，可以给文字增加底色。

图 3.2.10　给文字增加底色

点击图3.2.11红框里所示按钮，可以改变文字颜色。

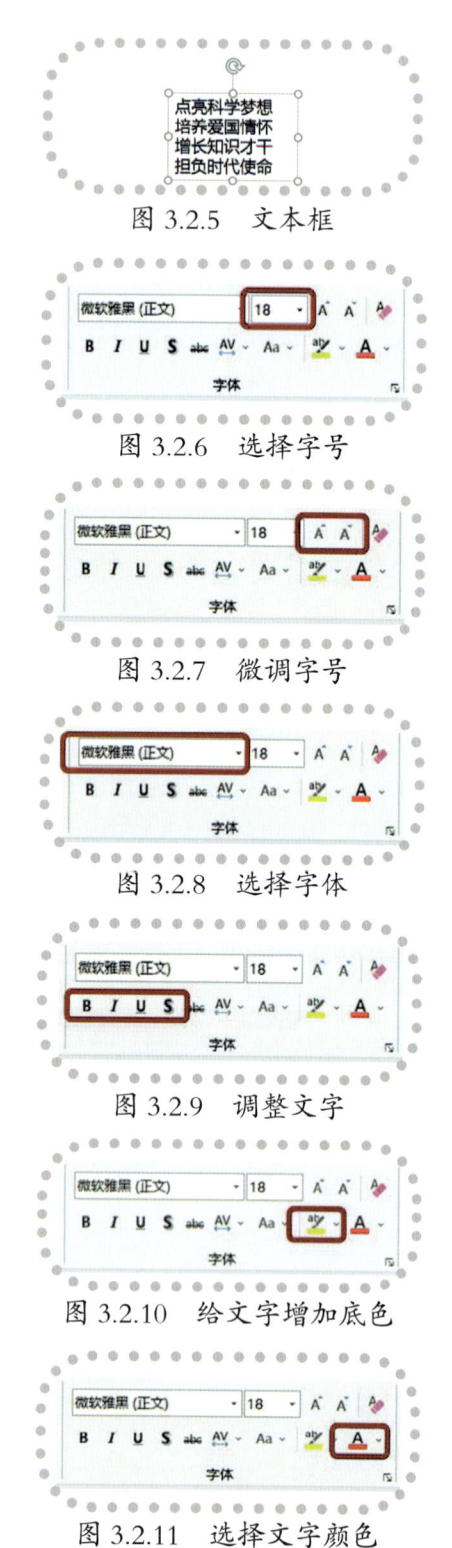

图 3.2.11　选择文字颜色

PPT 最为关键的作用就是辅助演讲者进行展示，文字的字体要合适，大小要适中，文字的颜色也不能过于杂乱、鲜艳，以免喧宾夺主。

3.2.2.2　插入图片

作为辅助演讲者进行可视化展示的工具，图片非常关键。在撰写研究报告的时候，困困就将研究中用的图片都保存在了指定的文件夹中。

在"插入"选项卡中点击"图片"，按照本地存放路径找到对应的图片，就能够把自己想要展示的图片插入 PPT 中了。

困困尝试对插入的图片进行了操作，发现拖动图片就可以改变图片位置，拉动边框上的小白圈就可以改变图片大小。

青青老师提醒："我们还可以在'图片格式—大小—高度、宽度'栏中通过填写具体数值，精准调整图片大小（图 3.2.12、图 3.2.13）。在拉伸图片的时候，摁住键盘左下角的 Shift 键，可以等比例地放大和缩小图片，这样我们的图片就不会因为拉伸操作而变形。"

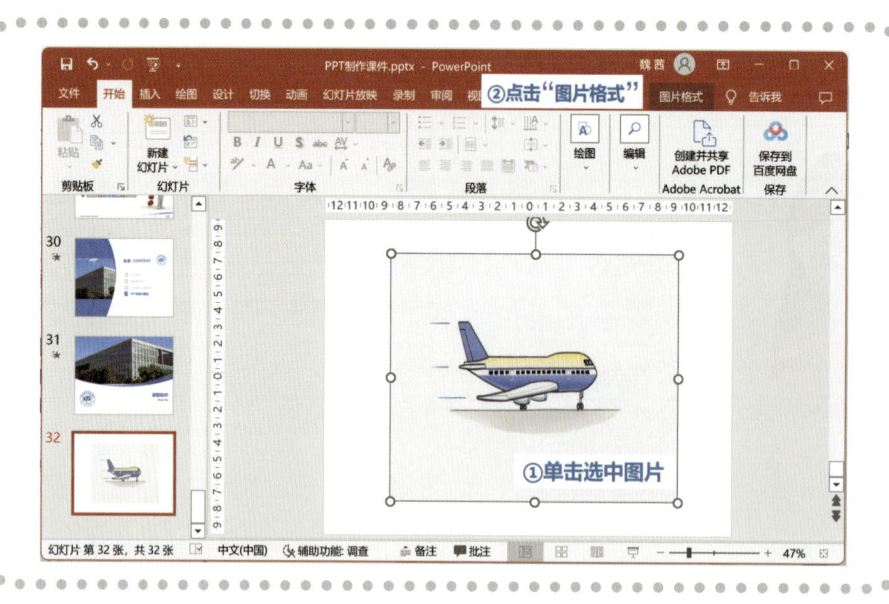

图 3.2.12 设置图片大小、格式（1）

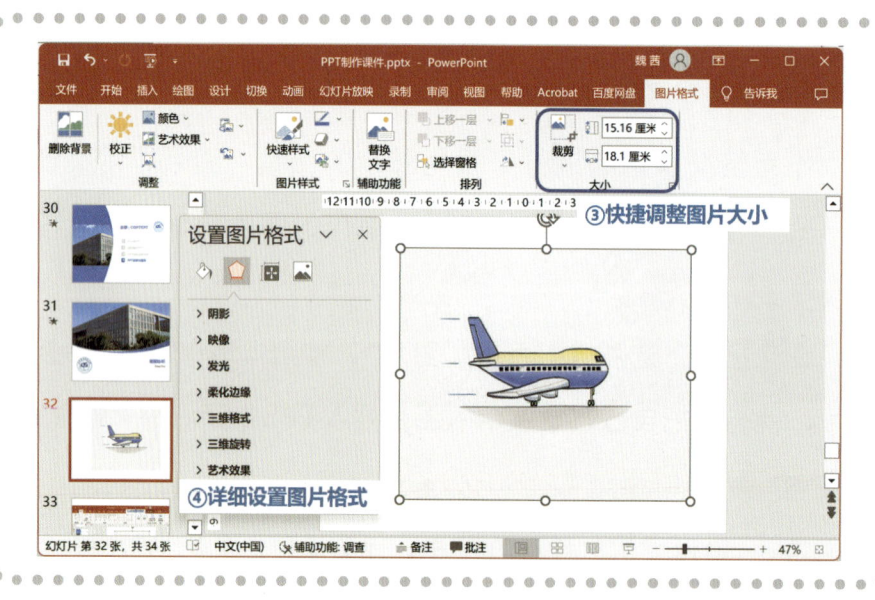

图 3.2.13 设置图片大小、格式（2）

在 PPT 制作过程中，我们可以直接摁住鼠标左键将图片拖入 PPT；还可以右键点击图片后选中"复制"，再在 PPT 中需要插入图片的位置点击右键，选中"粘贴"，将图片插入 PPT 中。这都是些很实用的方法，大家可以尝试使用这两种方法。

3.2.2.3 插入形状

困困和闹闹想要在 PPT 中加入一些长方形、三角形和箭头，以便更清晰地展示实验过程。他们发现在"插入"选项卡中，点击"形状"，便会出现一个二级菜单，菜单中有多种多样的形状供我们选择（图 3.2.14）。我们不仅可以找到经常使用的长方形、三角形箭头等形状，还可以通过形状组合，做出更加复杂、符合我们要求的形状（图 3.2.15）。

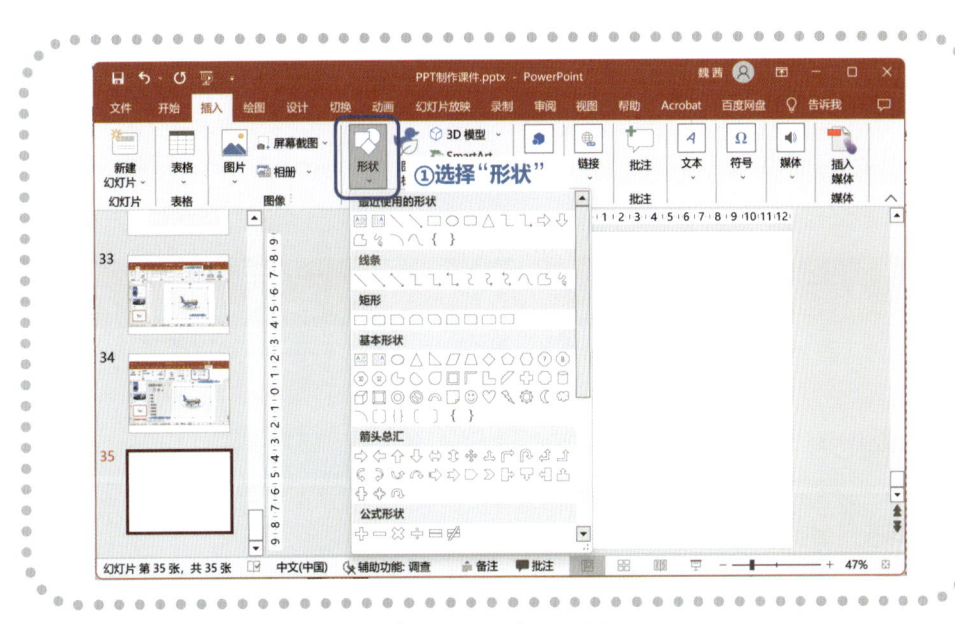

图 3.2.14　插入形状

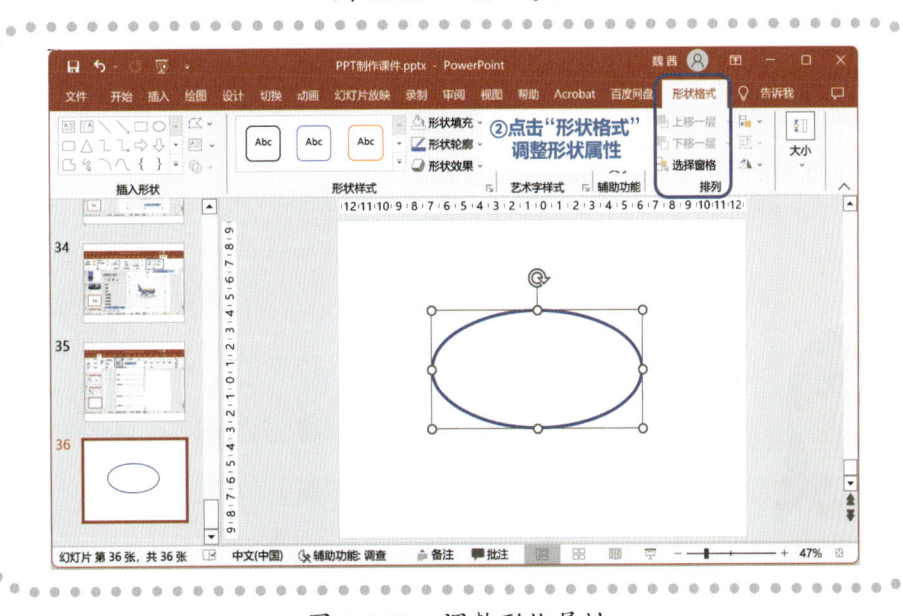

图 3.2.15　调整形状属性

PPT 页面的基础编辑部分，困困和闹闹已经学会了。困困有个问题："老师，在我们演讲的过程中，怎样才能做到让 PPT 中的图片或者文字随着我们的演讲节奏陆续出现呢？"

"让我们一起来看下'动画'和'切换'的操作吧！"

3.2.2.4　插入动画、幻灯片切换

点击功能区"动画"选项卡，可以对 PPT 中的图片、文字、形状等进行操作。点击想要添加动画的对象，在功能区点击"动画"，再选择想要的动画效果就可以了（图 3.2.16）。

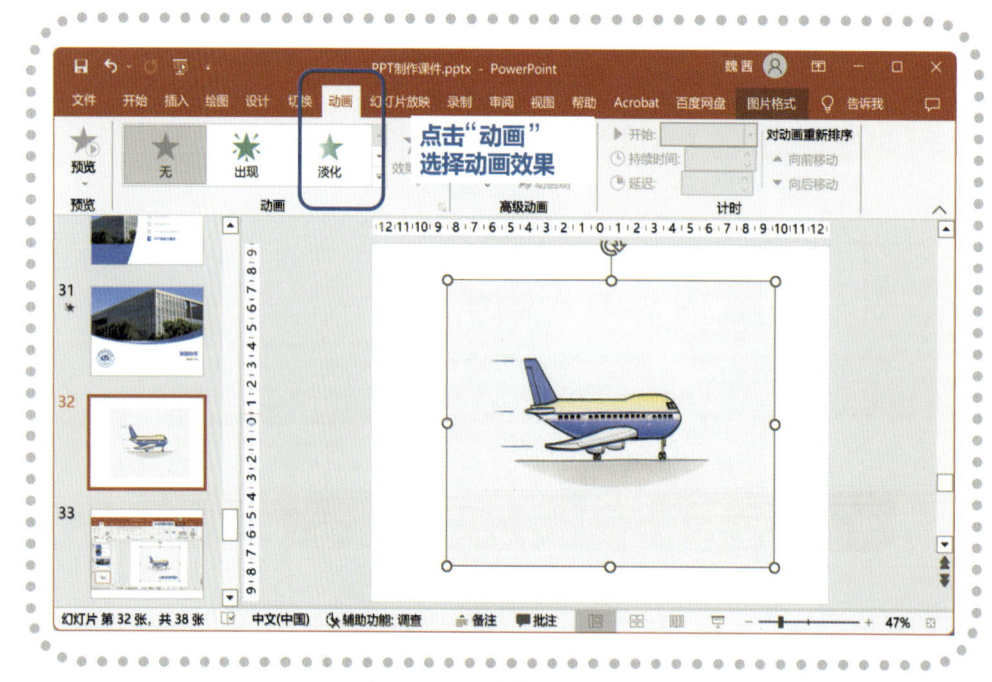

图 3.2.16　选择动画效果

图片、文本框这些对象的动画有先后顺序之分，我们可以通过点击"动画窗格"，在编辑区右侧弹出的"动画窗格"弹窗中进行调整（图 3.2.17）。

图 3.2.17　调整动画顺序

"切换"则是指幻灯片与幻灯片之间的变换方式。在所要插入切换动画的幻灯片中，点击"切换"，选择合适的切换方式，就完成了（图 3.2.18）。

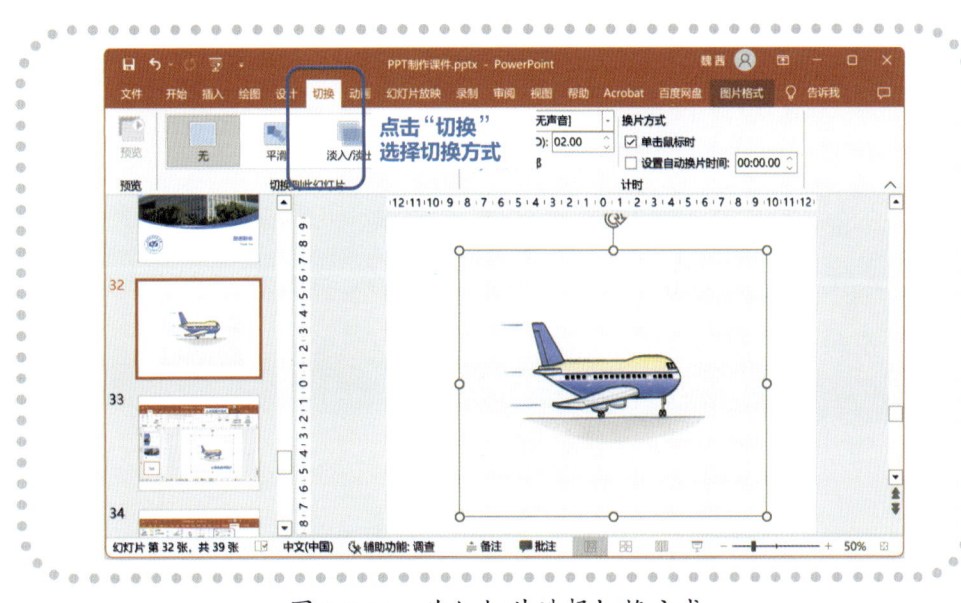

图 3.2.18　为幻灯片选择切换方式

囡囡在一遍一遍更改动画再播放的过程中，玩得很是过瘾，就像自己做出了精美的动画片一样。

做一做

亲爱的同学们，请大家为自己制作的 PPT 添加动画和切换，并尝试播放、演示吧。

青青老师说

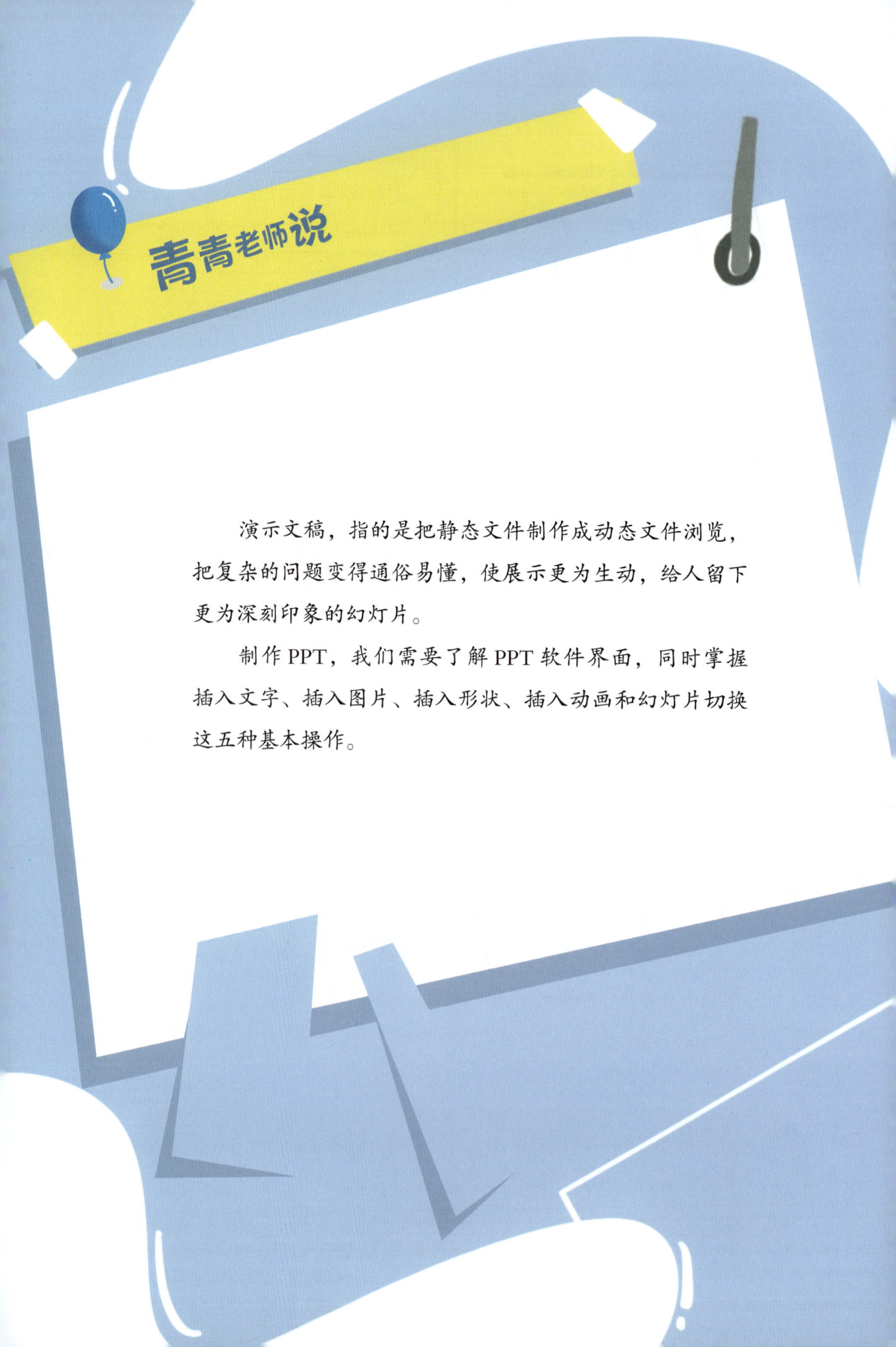

　　演示文稿，指的是把静态文件制作成动态文件浏览，把复杂的问题变得通俗易懂，使展示更为生动，给人留下更为深刻印象的幻灯片。

　　制作PPT，我们需要了解PPT软件界面，同时掌握插入文字、插入图片、插入形状、插入动画和幻灯片切换这五种基本操作。

3.3 PPT 制作原则

终于学习完了基本的 PPT 操作，困困和闹闹已经等不及要制作一个完整的 PPT，将自己的研究成果分享给大家了。他们的思路是：从真实的大飞机讲起，借鉴真实飞机的模型结构，引出纸飞机的折叠设计方案。

于是困困和闹闹立即动手，做了一页介绍飞机主要结构的 PPT（图 3.3.1）。

图 3.3.1 "飞机的结构"PPT 初稿

丰富的文字、好看的飞机插图、各式各样的字体和颜色，让困困和闹闹特别有成就感。但是青青老师却告诉他们，这张 PPT 看上去太过杂乱，文字太多，让人很难抓住核心，浅蓝和浅黄色字更是导致了阅读障碍。

> 青青老师，有什么办法可以改进我们的 PPT 吗？

> 我来给大家讲一讲 PPT 排版 吧！做好了排版，一个优秀的 PPT 也就完成一半了！

3.3.1　PPT 排版

青青老师从文字排版、段落排版和图文排版三个维度为同学们讲解了排版中的注意事项。

3.3.1.1　文字排版注意事项

一般来说，如果同一页 PPT 中出现了四种及以上的字体，PPT 看起来会风格不统一。

因此，我们制作 PPT 时要明确：哪些内容是同一类的，需要使用同一种字体；哪些内容是需要分开说明的，需要使用不同的字体。当我们对这一页 PPT 的内容结构有一个整体性的把握后，再将每一部分的文字修改为同一种字体。对演讲型 PPT 来说，文字的字号最好不小于 16，一般保持在 18 ~ 28（图 3.3.2）。

图 3.3.2 "飞机的结构"经过文字排版的 PPT

3.3.1.2　段落排版注意事项

　　修改后的 PPT 阅读起来仍然费劲。"大家注意到了吗？尽管内容分为两个自然段，但是两个段落的行间距是不一样的。第二段行与行之间的距离太小了。"因此，在段落排版时，需要注意调整行间距，使 PPT 更具可读性。

　　我们应注意根据内容之间的逻辑关系选用合适大小的字体。对于需要突出的重点内容，可以适当调大字号并加粗，甚至还可以加下划线。

困困和闹闹围绕飞机的主要结构，把关键词进行了加粗。为了让读者能够快速找到飞机结构对应部位在文中的位置，他们还把"机身""起落装置"等词汇进行了下划线标注（图3.3.3）。

飞机的结构

飞机一般由**六个主要部分**组成，即机身、机翼、尾翼、起落装置、操纵系统和动力装置。
机身主要用来装载人员、货物、燃油和设备，并将机翼、尾翼、起落架等部件连成一个整体。
机翼是飞机上用来产生升力的主要部件，一般分为左右两个翼面。左右机翼后缘各设一个副翼，飞行员利用副翼进行滚转操纵。
尾翼分垂直尾翼和水平尾翼两部分。垂直尾翼垂直安装在机身尾部，主要功能为保持飞机的方向和进行方向操纵。水平尾翼水平安装在机身尾部，主要功能为保持飞机的俯仰平衡和进行俯仰操纵。
起落装置的功用是使飞机在地面或水面进行起飞、着陆、滑行和停放。飞机在着陆时还通过起落装置吸收撞击能量，改善着陆性能。
飞机操纵系统是包括座舱中飞行员驾驶杆（盘）和水平尾翼、副翼、方向舵的操纵面在内的整个系统，用来传递飞行员的操纵指令，改变飞行状态。
飞机动力装置是用来产生拉力（螺旋桨飞机）或推力（喷气式飞机），使飞机前进的装置。

图 3.3.3 "飞机的结构"经过段落排版的 PPT

3.3.1.3　图文排版注意事项

在 PPT 中，合理安排图片和文字的位置及排布方式非常重要。

PPT 的作用是配合演讲，图片和文字要融为一体、相互联系，才能更加直观。

我们的目的是便于阅读，使观看者清楚了解各部分之间的层次关系。因此，现有的图片和文字的类型需要有效结合、互相配合。这样，当文字和图片形成了联系，能互相印证，效果一定会比文字和图片各自独立排版要好得多。

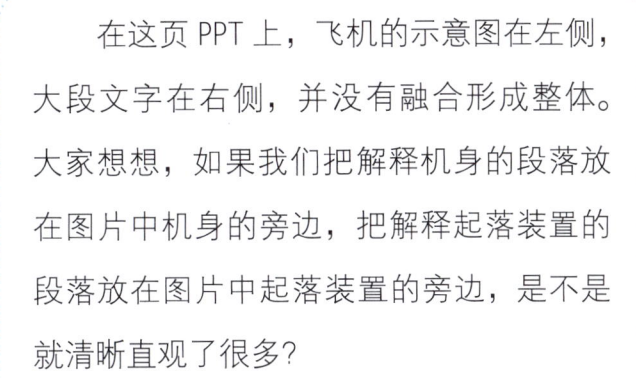

在这页 PPT 上，飞机的示意图在左侧，大段文字在右侧，并没有融合形成整体。大家想想，如果我们把解释机身的段落放在图片中机身的旁边，把解释起落装置的段落放在图片中起落装置的旁边，是不是就清晰直观了很多？

困困和闹闹恍然大悟！他们回想起之前学过的"形状"，将介绍飞机每一部分结构的具体内容用指示线指向图片中对应的位置，就能使人一目了然地看出每一部分是什么。他们立刻操作电脑，修改起 PPT 来。其中，动力装置和操纵系统由于在飞机内部，图上看不见，闹闹把实线改成了虚线（图 3.3.4）。

飞机的结构

飞机一般由**六个主要部分**组成，即机身、机翼、尾翼、起落装置、操纵系统和动力装置。

机身主要用来装载人员、货物、燃油和设备，并将机翼、尾翼、起落架等部件连成一个整体。

尾翼分垂直尾翼和水平尾翼两部分。垂直尾翼垂直安装在机身尾部，主要功能为保持飞机的方向和进行方向操纵。水平尾翼水平安装在机身尾部，主要功能为保持飞机的俯仰平衡和进行俯仰操纵。

机翼是飞机上用来产生升力的主要部件，一般分为左右两个翼面。左右机翼后缘各设一个副翼，飞行员利用副翼进行滚转操纵。

飞机操纵系统是包括座舱中飞行员驾驶杆（盘）和水平尾翼、副翼、方向舵的操纵面在内的整个系统，用来传递飞行员的操纵指令，改变飞行状态。

起落装置的功用是使飞机在地面或水面进行起飞、着陆、滑行和停放。飞机在着陆时还通过起落装置吸收撞击能量，改善着陆性能。

飞机动力装置是用来产生拉力（螺旋桨飞机）或推力（喷气式飞机），使飞机前进的装置。

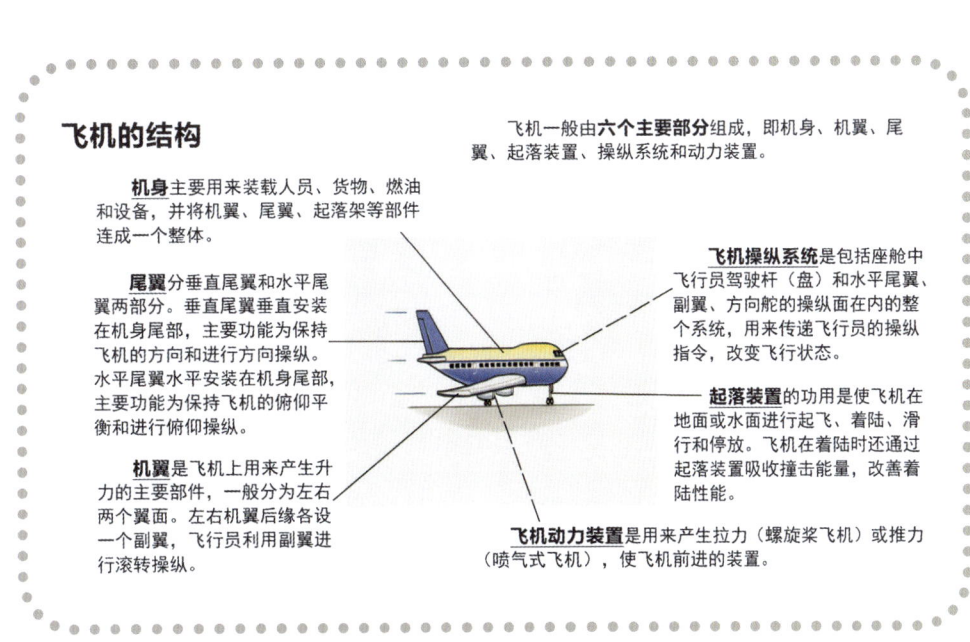

图 3.3.4 "飞机的结构"图形和文字融合后的 PPT

但是青青老师认为，这页 PPT 还是不够美观。大量文字的存在让 PPT 看上去特别拥挤。"从观众的角度来说，大段的文字阅读削弱了听觉注意力，很难关注演讲者具体讲了什么。并且，密密麻麻的文字会让人产生阅读疲倦，我们要尽可能用精准凝练的短句或者词组来表达。"

我们只需要把最关键的信息展示在 PPT 上，这样观众就更容易抓住我们想要讲的重点。而内容之间的联系，完全可以通过演讲传递给观众。

对，这样就做到了 PPT 展示与演讲人的阐述密切配合，视听合一。还记得我们最开始的疑惑吗：我们怎样才能将研究形象地、高效率地分享给他人？这就可以实现了。

很快，他们第四次修改了 PPT，将飞机结构介绍的大段内容简化为两三个核心短句，并把结构名称和相应作用通过字号和加粗加以区分，得到了最终的 PPT（图 3.3.5）。

图 3.3.5 "飞机的结构"PPT 终稿

这一次，PPT 图文融合，清晰明了。青青老师看到他们最后的 PPT 后，露出了笑容，对他们竖起大拇指。

为什么这页 PPT 算是好的 PPT？请大家一起总结，我们明天上课的时候讨论。

3.3.2　PPT 制作基本原则

第二天一上课，大家都抢着发言。困困说："PPT 中图和文要相呼应、相关联，要有逻辑性。以飞机基本结构为例，图片上飞机的每一部分要和文字介绍相对应，观众才能一目了然地获得信息。"

闹闹也举手发言："我认为第二点是 PPT 要简洁、明了、直观，大量文字堆砌很难让观众获取重要信息。"

"除了图文的关联性和 PPT 的直观性，还有一点不能忘记哦，PPT 是辅助演讲的工具，PPT 内容要和演讲密切配合，视听合一。"青青老师补充道。

精致的模板、炫酷的动画、动人的图片都是辅助展示的方式，不是主角。演讲内容才是真正的主角。我们要努力让PPT展示与演讲人的阐述密切配合，视听合一。

PPT制作三要点：逻辑性、直观性和配合性。

在完成PPT后，"努力写报告研究小分队"向全班同学展示了他们的研究，生动的讲解配合逻辑清晰的PPT，得到了同学们的一致认可。

做一做

亲爱的同学们，在你制作的PPT中，也出现了和困困、闹闹一样的问题吗？那么请你按照PPT制作的三个要点进行改进吧。

至此，"努力写报告研究小分队"关于纸飞机的探索就告一段落了。亲爱的同学们，请把你们的研究也做成PPT，讲给你们的小伙伴们吧。

青青老师说

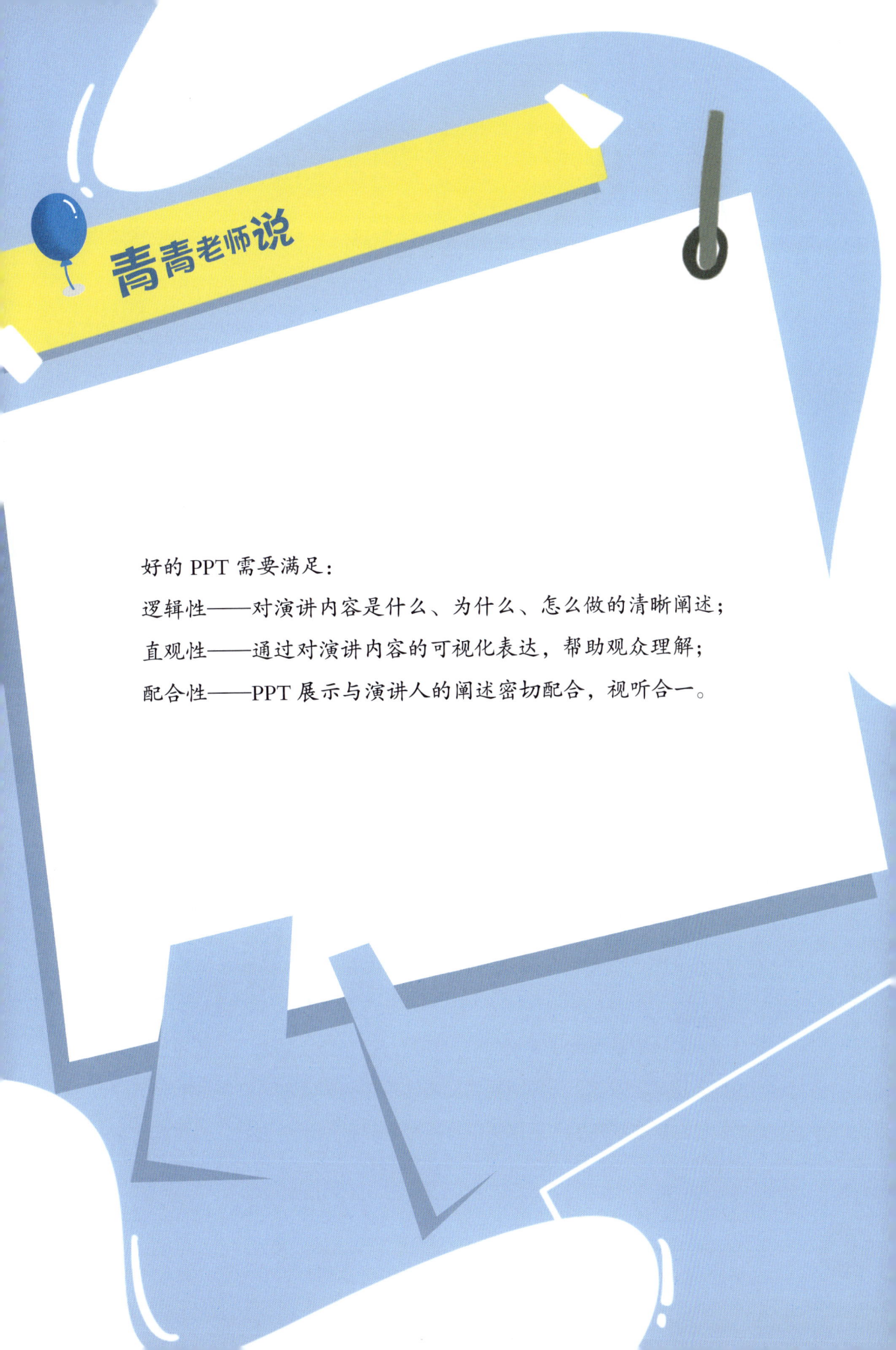

好的 PPT 需要满足：

逻辑性——对演讲内容是什么、为什么、怎么做的清晰阐述；

直观性——通过对演讲内容的可视化表达，帮助观众理解；

配合性——PPT 展示与演讲人的阐述密切配合，视听合一。

部分参考答案

20页"做一做"练习一参考答案及解析：

（1）A、B

解析：A项中国知网是本书讲解的重要数据库。B项ScienceDirect是Elsevier公司的数据库。Elsevier是荷兰一家全球著名的学术期刊出版商，每年出版大量的学术图书和期刊，大部分期刊论文被SCI、SSCI、EI收录。Elsevier出版的期刊是世界上公认的高品位学术期刊。近几年该公司将其出版的2500多种期刊和11000多种图书全部数字化，形成ScienceDirect全文数据库，并通过网络提供服务。该数据库涉及众多学科：计算机科学、工程技术、能源科学、环境科学、材料科学、数学、物理、化学、天文学、医学、生命科学、商业及经济管理、社会科学等。

（2）A、B、D

解析：被引量、下载量、文章发表时间都是查找文献时重要的筛选指标。

被引量是指文章在发表后的引用频次。引用频次越高，说明其学术价值越高。

下载量表示这篇文章一共被下载了多少次，能从一定角度反映出文章的受欢迎程度。

发表时间也是一项重要指标，时间顺序一般能够清晰地反馈研究过程。

（3）被引量也就是常说的引用频次。引用频次越高，说明论文的学术价值越高。同样，一种刊物中文章被引用的频次高，证明该刊物的学术价值也是非常高的。所以被引量在学术界是学术价值的一个重要衡量指标。

38页"做一做"参考答案及解析：

（1）摘要体现了文章的主要内容，是整篇文章的提炼和总结。阅读摘要能够帮助我们快速掌握文章内容，便于在较短时间内挑选所需文献，提高检索效率。

（2）A、B

解析：论文的正文部分包括研究背景、文献综述、研究方法、研究过程、研究结论和总结展望。每篇科技论文的具体框架一般会根据实际情况做出一定调整。关键词和摘要在正文之前，不属于正文部分。

（3）判断：错

解析：文章的参考文献表明了该研究以哪些文献作为基础、作者从哪些研究中获得了启发，表明了对他人知识产权的尊重，并且能够让我们对研究的发展过程更加清楚，拓展知识的广度。

后记

经过近一年的编写、修改，这本《信息素养通识》终于与大家见面了。

本书是针对初中生和小学生编写的信息素养通识教育图书。这本书的诞生，源于北航大学生科技志愿服务队在面向中小学生开展科创教育的过程中，我们一直思考的一个问题："科学知识是如此庞大的系统，怎样才能让学生习得获取知识的方式方法，能够自主学习呢？"对同学们而言，除了"发现问题—提出问题—分析问题—解决问题"科学思维的培养，有效地获取信息、科学地表达信息、可视化地展示信息，成为不可或缺的能力，也是真正将知识学习、吸收、内化的必不可少的过程。这就是我们编写《信息素养通识》的初心。在北航大学生科技志愿服务队开展信息素养教学的过程中，我们看到了中小学生通过信息检索拓展了知识的广度；通过将研究过程认真记录、整理并撰写形成科技报告，延展了知识的深度；通过将研究过程凝练、总结、形成PPT并生动地讲解，让科学知识更加入脑入心。信息素养不仅为他们打开了获取知识的窗口，更推进了他们学习能力的提升。

在编写这本书的过程中，北航大学生科技志愿服务队历届"信息素养通识"备课小组的队员们，都贡献了特别多的辛勤劳动。纸飞机的故事线来源于罗吴迪同学，尹月莹和刘家祥同学撰写了第一章初稿，张子言和张馨于同学撰写了第二章初稿，祁子欣和王梓硕同学撰写了第三章初稿，武相铠、张子言、张馨于三位同学在书稿内容的梳理，以及版式设计的标注上，付出了辛勤的劳动。魏茜老师负责全书的总体设计、统稿、校对，以及版式设计、美术创作的审核工作。

特别感谢北京航空航天大学新媒体艺术与设计学院叶强老师和王硕老师对版式设计和美术创作的策划与指导。绘制本书的周明月同学设计了困困、闹闹、小致、小真四个栩栩如生的人物形象，并将全书的故事线和教学内容以精彩的美术创作生动呈现。真的特别感谢周明月的精心设计，每次看都有新的感动，谢谢你让本书有了更加动人的灵魂。相信在小朋友们翻开这本书的时候，一定会迫不及待地想要和四位主人公一起开启这场信息素养之旅。

在这本书的写作过程中，我们得到了很多机构、老师和同人的支持与帮助！微软公司的高级解决方案专家陆永宁老师对于本书的成稿给予了重要的支持与帮助。百度和中国知网对"有效地获取信息/资料检索"一章的成稿提供了检索平台的案例支撑。在本书出版之际，作者愿借此机会，衷心感谢所有支持和帮助我们的机构、老师和同学们！

由于作者的水平有限，书中难免存在缺点与错误，敬请读者批评指正。